Jürgen Werner

Eiszeitjäger auf der Schwäbischen Alb

Jürgen Werner
Eiszeitjäger auf der Schwäbischen Alb
Neuauflage 2008

Gesamtherstellung Gerhard Hess Verlag
www.gerhard-hess-verlag.de

ISBN 978-3-87336-359-5

Mit Zeichnungen des Verfassers

Jürgen Werner

Eiszeitjäger auf der Schwäbischen Alb

Mit Zeichnungen des Verfassers

Gerhard Hess Verlag

Inhalt

Einleitung 9

Eiszeitjäger auf der Schwäbischen Alb 15

Sommer 1939 133

Winter 1969 134

Klassenfahrt 136

Fakten und Hintergründe

Altsteinzeitforschung in den Höhlen der Schwäbischen Alb 137

Hohlenstein und Löwenmensch 147

Schamanismus 151

Moderne Menschen und Neandertaler 152

Von Afrika aus in die Welt: Ein kurzer Abriss der Entwicklung des Menschen 156

Weltbilder der vorgeschichtlichen Menschen 159

Noch einmal weit zurück: Eiszeit 167

Karstbildung 168

Quellen 171

Einleitung

Vor etwa 40.000 Jahren drangen die ersten modernen Menschen entlang der Donau nach Europa vor. Möglicherweise trafen sie dabei auf die dort schon seit längerer Zeit ansässigen Neandertaler. Im eiszeitlichen Überlebenskampf entstanden in den kleinen Seitentälern der Donau die bisher ältesten bekannten Kunstwerke der Menschheit, kleine Schnitzereien aus Mammutelfenbein. Die folgende Erzählung handelt in dieser Anfangs- und Aufbruchszeit auf der Schwäbischen Alb. Einer der Schauplätze der Erzählung ist eine Höhle im weißen Jurakalk, die bereits über viele hunderttausend Jahre existiert.

Lassen wir vor unserem geistigen Auge nur ein paar der Begebenheiten vorüberziehen, die sich in diesem gewaltigen Zeitraum dort abgespielt haben mögen.
Von Zeit zu Zeit zogen sich Höhlenbären zum Winterschlaf in die Höhle zurück. Manchmal erlebte solch ein Bär den nächsten Frühling nicht mehr und starb, weil er sich nicht genügend Winterspeck angefressen hatte. Starb nur ein Bär in hundert Jahren auf diese Weise, so blieben allein während der Dauer der letzten Eiszeit etwa 100 Bärenskelette in der Höhle zurück.
Hin und wieder diente die Höhle einer Horde Hyänen als Unterschlupf. Dann stank es erbärmlich, denn die Tiere schleppten Aas herein und zermalmten mit ihren kräftigen Kiefern noch die größten Knochen, um an das nahrhafte Mark zu gelangen. So sind vor allem Hyänen für die enorm großen Knochenmengen in den Höhlen der Schwäbischen Alb verantwortlich.
Von den Hyänen unbeachtet nisteten Eulen in den höher gelegenen Felsspalten. Nicht einmal die verspielten Hyänenjungen interessierten sich für die Gewölle der Eulen, die nur noch unverdauliche Fell- und Knochenreste enthielten.

Und manchmal – wenn auch selten – suchten Menschen die Höhle auf. Vielleicht wurden sie von schlechtem Wetter überrascht und blieben nur eine Nacht. Sie entzündeten ein Feuer, wärmten sich und brieten Fleisch. Sie schliefen und zogen am nächsten Morgen weiter.
Selten nutzten die Menschen der Eiszeit den windgeschützten Höhlenvorplatz für längere Zeit, da sie das unstete Leben von Jägern und Sammlern führten. Manchmal ließen sie verschiedene Gegenstände – Knochenreste von Mahlzeiten, Waffen aus Feuerstein und Schnitzereien aus Mammutelfenbein – absichtlich oder unabsichtlich in der Höhle zurück.
Während all dieser Zeit blies der Wind ununterbrochen Staub und Blätter in die Höhle. Durch Regen und Schnee setzte sich Schlamm ab und der Frost sprengte immer wieder die obersten Schichten des Felsens weg. Nach und nach wuchsen meterdicke Ablagerungen, in denen die Hinterlassenschaften der verschiedenen Höhlenbesucher konserviert wurden.
Später, sehr viel später, erwachte das Interesse der Menschen an ihrer Geschichte. Zu verschiedenen Zeiten wurde in der Höhle gegraben, und was man fand, erweckte zunächst ein ungläubiges Staunen. Lebte der Mensch zusammen mit den großen Eiszeittieren? Reicht die Kette unserer Vorfahren so unermesslich weit zurück in die Vergangenheit? Hat sich der Mensch im Lauf der Zeit verändert und entspringt nicht – bis dahin undenkbar – einem einmaligen Schöpfungsakt?
Auch vom Neandertaler wurden Werkzeuge in der Höhle gefunden. Kam es zu einer Begegnung zwischen modernen Menschen und Neandertalern? Kam es gar zu einem Kampf zwischen diesen beiden Menschenarten? Wir wissen es nicht. Nur eines lässt sich mit Sicherheit sagen: Die Neandertaler sind ausgestorben, wir hingegen haben als einzige Menschenart überlebt.

Nicht zuletzt bleibt in diesem Zusammenhang die Frage nach der Kunst. Wer stellte die einmaligen Schnitzereien aus Mammutelfenbein her, Neandertaler oder moderne Menschen? Wissenschaftler glauben heute, dass es moderne Menschen waren.

Mammutfigur
aus der Vogelherdhöhle,
Nachgrabung 2006

Löwenmensch aus dem
Hohlenstein-Stadel bei Asselfingen,
Grabung 1939
Bild: Ulmer Museum

Die Geschichten rund um die Grabungen und die Ausgräber sind teilweise ebenso interessant wie die Funde selbst. Interessierte Leserinnen und Leser finden diese Geschichten nebst den der Erzählung zu Grunde liegenden Fakten im Anhang dieses Buches.

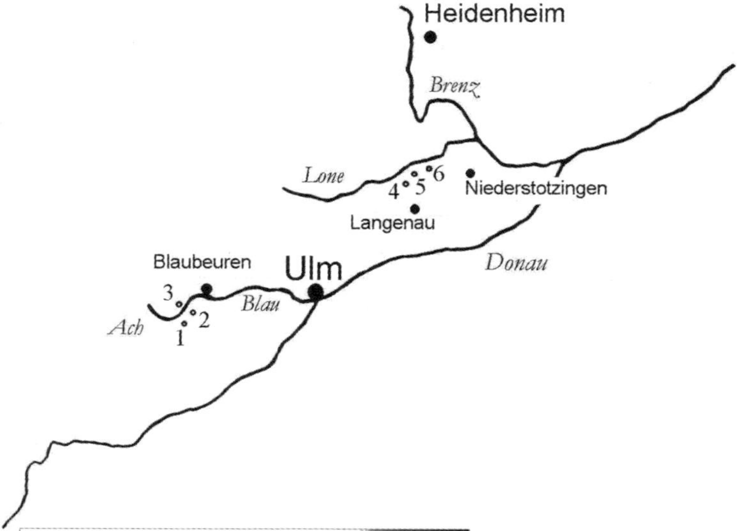

Im Achtal

Im Lonetal

Blick vom Geißenklösterle ins Achtal

Das Fohlenhaus bei Bernstadt

Sirgensteinhöhle

Der Vogelherd bei Niederstotzingen

Der Hohle Fels bei Schelklingen

Eiszeitjäger auf der Schwäbischen Alb

Fünf Männer blickten über einen Felsvorsprung vorsichtig hinüber an das Flussufer. Sie verständigten sich durch Zeichen und achteten sorgsam darauf, jeden Laut zu vermeiden. Am Ufer des Flusses standen mehrere Pferde, die auf der Suche nach Gras mit den Hufen im Schnee scharrten.
Lange hatten die Jäger auf diesen Augenblick gewartet. Bilg, der Jäger mit der größten Erfahrung, gab lautlos seine Anweisungen. Drei Männer schickte er los. Sofort ergriffen diese ihre Speere und krochen vorsichtig nach hinten weg. Sie wussten genau was nun zu tun war.
Sie schlichen ein Stück flussaufwärts und stiegen, von den Pferden unbemerkt, auf die Hochfläche oberhalb des Tales. Dort wechselten sie die Richtung und folgten dem Lauf des Flusses stromabwärts. Sie umgingen die Pferde und stiegen später, dort wo das Tal enger wurde und sich den Tieren keine Möglichkeit zum Ausweichen bot, wieder zum Fluss hinab. Hier legten sie sich auf die Lauer. Die untergehende Sonne blendete sie, als sie mit ihren Augen das Gelände nach den Pferden absuchten.

Die Pferde grasten noch immer am Flussufer, und noch immer verharrten Bilg und Zedeg regungslos in ihrem Versteck. Die Abendsonne in ihrem Rücken berührte schon fast den Horizont, als Bilg seinem Bruder Zedeg schließlich ein Zeichen gab. Sie gaben ihre Deckung auf, streckten die Arme in die Höhe und schrien aus Leibeskräften. In panischer Angst flüchtete die Herde am Ufer des Flusses entlang das Tal hinab. Die beiden Männer stürmten hinterher.

Als die Jäger aus ihren Verstecken hervorsprangen, war es für die Tiere bereits zu spät zum Ausweichen.

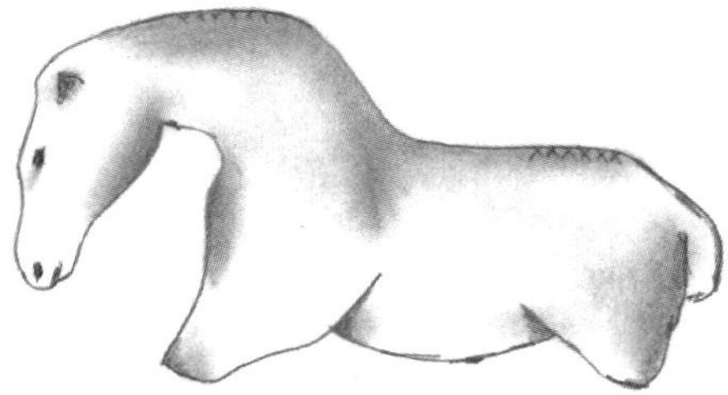

Drei Speere bohrten sich in die Seite eines Pferdes, die anderen Tiere ließen sie entkommen. Das getroffene Pferd brach im Lauf zusammen, rutschte ein Stück auf dem Bauch über den Boden und blieb liegen. Es röchelte und scharrte mit seinen Hufen im Schnee. Sofort brachen die Jäger in Jubel aus und näherten sich dem sterbenden Pferd. Sie waren vorsichtig, denn sie wollten nicht von dem um sich schlagenden Tier verletzt werden. Einer der Männer hob einen am Boden liegenden Stein auf, stemmte ihn in die Höhe und zerschmetterte den Schädel des Pferdes mit einem gewaltigen Schlag. Ein Zittern durchfuhr den Körper des Tieres, es starb.
Die Männer beugten sich über den Körper des Pferdes und streichelten mit ihren Händen sanft über das Fell. Sie waren ihm dankbar. Es hatte sein Leben für ihre Familien gegeben. Doch plötzlich blickten sie auf und suchten mit ihren Augen das Gelände ab. Alle hatten das Geräusch gehört, und allen schnürte die Angst die Kehle zu.
„Dort ist er", sagte Jarik und deutete auf den mit niedrigen Büschen bewachsenen Abhang auf der anderen Seite des Flusses.
Ihnen war sofort klar: Sie mussten das Pferd zurücklassen und flüchten, denn er kam schnell näher. Das Durchschwimmen des Flusses würde ihn zwar einige Zeit kosten, aber er würde bald hier sein.

Bilg und Zedeg hörten den Jubel der Männer. Sie blieben stehen und lauschten. Die Jagd musste erfolgreich gewesen sein! Endlich

würden ihre Familien wieder Fleisch zu essen bekommen, die Stimmung im Lager, seit Wochen schlecht, würde wieder besser werden.
Doch plötzlich verstummte das Geschrei der Männer. Bilg und Zedeg blickten sich erstaunt an. Was war geschehen? War das verletzte Pferd den Jägern im letzten Augenblick entkommen?
Die beiden beschleunigten erneut ihre Schritte und trafen schon bald auf die drei Jäger, die ihnen entgegen rannten.
„Was ist geschehen?" fragte Bilg die nach Luft schnappenden Jäger.
„Wir haben ein Pferd getötet. Doch kurz darauf wurden wir von einem Löwen überrascht", keuchte Jarik, einer der älteren Jäger. „Ein großes Tier. Wir mussten ihm die Beute überlassen und flüchten."
Bilg war mit dieser Entscheidung nicht einverstanden. „Wie weit ist es bis zu der Stelle?"
„Nicht weit. Dort hinter der nächsten Flussbiegung", antwortete Jarik und deutete in die Richtung, aus der er gekommen war.
„Kommt", sagte Bilg und ging weiter flussabwärts. Die Männer blickten sich verständnislos an. Doch sie fürchteten den Zorn Bilgs noch mehr als den Löwen. Sie folgten ihm.

In sicherer Entfernung blieben sie stehen und beobachteten den Löwen. Er stand bei dem erlegten Pferd und riss Fleischbrocken aus dem Rumpf des Tieres. Bilg spürte, wie sein Blut gegen die Innenseite seines Schädels hämmerte. Er wollte nicht wahrhaben, dass der Löwe ihnen die Beute so einfach wegschnappte. Es ging um das Überleben des Clans. Schon viel zu oft waren sie ohne Beute ins Lager zurückgekehrt. Noch ein weiteres Mal durfte das nicht geschehen. „Wollt ihr ihm dabei zusehen, wie er unser Fleisch stiehlt?", fuhr er die anderen an. Dabei umfasste er den Schaft seines Speeres so fest, dass das Blut aus seinen Fingern

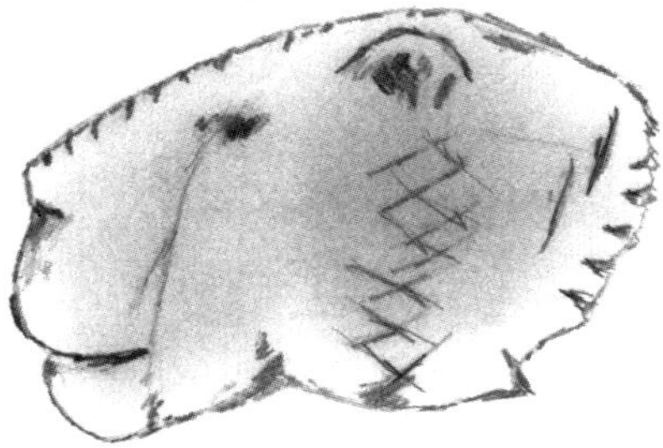

wich und die Knochen unter der Haut weiß hindurchschimmerten. Ohne eine Antwort abzuwarten ging er weiter. Er war zu allem entschlossen.
Doch Jarik fasste ihn am Arm und hielt ihn zurück.
„Sei nicht dumm. Du kannst nicht mit dem Löwen kämpfen. Du wirst sterben!“, sagte er zu Bilg.
„Wir werden bald alle sterben, wenn wir nichts zu essen haben“, erwiderte dieser trotzig. In seinen Augen brannte ein Feuer, und mit einem Ruck riss er sich los. Niemand, das wusste Jarik, konnte ihn jetzt noch aufhalten.

❋

Das Winterlager des Clans befand sich in der Nähe eines kleinen Baches. Es bestand aus einem großen Zelt an der Südseite einer hoch aufragenden Kalksteinwand.
Das Zelt war aus einem Gerüst frisch geschnittener Weiden errichtet worden, bedeckt mit Fellen, Moos, Gras und Rinde. Der Innenraum war so groß, dass er dem Clan, bestehend aus sieben Männern, sieben Frauen und acht Kindern, geräumigen und warmen Unterschlupf bot. Der Boden des Zeltes war zum Schutz vor der Kälte mit Auerochsen- und Bärenfellen bedeckt. Unter die Felle waren Flusskiesel gelegt worden, da die Menschen durch den auftauenden Boden sonst bald im Schlamm versunken wären. In der Mitte des Zeltes brannte an einer mit Steinen umfassten Herdstelle ein Feuer.

Fünf von sieben Männern waren schon vor Sonnenaufgang losgezogen, um Beute zu machen, nur zwei, Raak und Aro, waren im Lager zurückgeblieben. Raak war schon viel zu alt und gebrechlich für eine Jagd. Schon lange begleitete er die Männer nicht mehr.
Aro kannte die Heilpflanzen und seine Aufgabe war die Versorgung der Alten und Gebrechlichen. Schon seit seiner Kindheit war er ein Einzelgänger, den die Männer ohnehin nur ungern mit auf die Jagd nahmen. So war auch er im Lager geblieben.
Dann war da noch Jali. Er galt noch nicht als Mann und hatte noch an keiner Jagd teilgenommen. Doch es war nicht zu übersehen, dass er schon bald in den Kreis der Jäger aufgenommen werden würde. Er hatte bereits eine beachtliche Körpergröße erreicht und beherrschte den Umgang mit dem Speer schon wie ein Erwachsener. Doch noch begleitete er die Jäger nicht, und so ging er Aro und Raak während der Abwesenheit der Jäger zur Hand.
Auch die Frauen waren im Lager geblieben, es war noch zu kalt für Beeren und Nüsse. So sammelten sie in der Umgebung des Lagers Holz oder spielten mit den Kindern. Insgeheim warteten alle gespannt auf die Rückkehr der Jäger.

Raak schlug das Fell am Zelteingang zur Seite und schlüpfte hinein. Er wollte sich am Feuer wärmen und auch den Frauen und Kindern aus dem Weg gehen. Immer wieder hatte ihn eine Frau um einen Gefallen gebeten, sorgsam hatte er all ihre Wünsche erfüllt. Nun hatte er genug.
Das Zelt war leer, niemand hielt es heute hier drinnen aus. Er setzte sich und dachte nach. Schon oft hatte er die Rückkehr der Jäger erlebt. Früher, als er selbst noch ein junger Mann gewesen war, war auch er mit Beute in das Lager zurückgekehrt. Was für ein erhebender Augenblick!

Aber nun war er zu alt für die Strapazen einer Jagd. Eine seiner Aufgaben war es jetzt, während der Abwesenheit der Jäger zusammen mit den Frauen das Lager zu schützen und die Kinder zu hüten. Dabei war seine Erfahrung von großem Wert für den Clan.

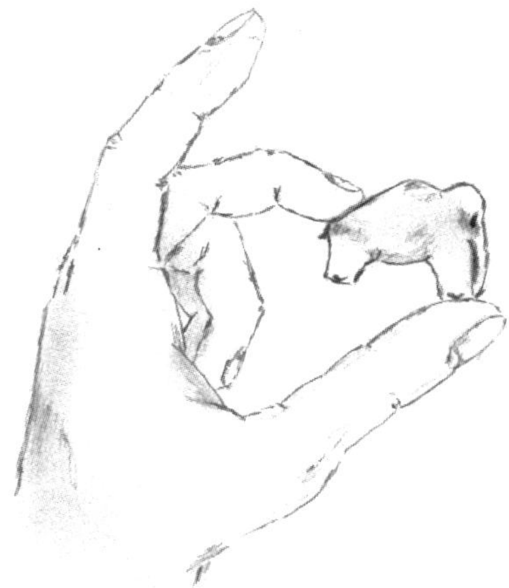

Raak legte einen Knochen in das nur noch schwach glimmende Feuer. Aus Mangel an Holz wurde es oft mit Tierknochen unterhalten. Er griff in seine Tasche und kramte einen Schaber und ein Stück Mammutelfenbein heraus. In Gedanken versunken fing er an zu schnitzen. Das war die beste Art sich die Zeit des Wartens zu verkürzen. In seiner Hand hielt er die Figur eines kleinen Mammuts, das schon fast fertig war. Er hatte schon einige Tage an der Figur gearbeitet und versah sie nun mit kreuzförmigen Markierungen. Seine Figuren aus Mammutelfenbein wurden von den Männern hoch geschätzt, da Raak ein erfahrener alter Jäger war, der den Körperbau der Tiere gut kannte. Die Kreuze auf seinen Elfenbeinfiguren galten als ein Symbol für den Clan der Menschen. Auch die Felsüberhänge aus weißem Kalkstein, unter denen die Menschen Schutz suchten, wurden immer wieder mit diesen Zeichen versehen. Mit einem Stück Holzkohle wurden die kreuzförmigen Markierungen gut sichtbar angebracht und standen für die Inbesitznahme des Platzes durch die Menschen.

Die Jäger verlangten von Raak immer wieder die Darstellung von Mammut, Löwe, Bär und Nashorn. Diese Tiere wurden wegen ihrer Kraft sehr geschätzt und meist an einem Lederriemen um den Hals getragen. Mit dem Besitz einer solchen Figur ging ein Teil der Kraft des dargestellten Tieres, so glaubten die Jäger, auf den Träger über. Die kleinen Elfenbeintiere beschützten die Männer auf der Jagd, so wie die weißen Felsüberhänge ihnen Schutz vor der Witterung boten.

In Gedanken versunken schnitzte Raak an dem harten Material. Er hatte ein gutes Gefühl. Er war sich sicher, dass die Jäger heute Erfolg haben würden. Er freute sich schon auf den Abend, denn es würde ein Festmahl geben. Der Duft von frisch gebratenem Fleisch würde sich schon bald im Zelt ausbreiten.

Hier werden wir sitzen und es uns schmecken lassen, dachte er, und das Wasser lief ihm dabei im Mund zusammen. Und ich werde Geschichten erzählen, Geschichten von früher.

Er schaute sich im Zelt um und genoss die Vorfreude. Noch waren die Hornsteinmesser und Schaber verstaut in den Taschen. Doch bald schon, stellte sich Raak vor, würden sich alle im Zelt versammeln. Er sah fleißige Hände das Fleisch zerteilen und zum Trocknen auslegen. Er sah Hände zielsicher hierhin und dorthin wandern. Er roch die Kräuter, mit denen das Fleisch gewürzt werden würde.

Die Männer, stellte sich Raak vor, würden beim Essen wieder und wieder den Hergang der Jagd schildern, und die Frauen und Kinder würden die Geschichte wieder und wieder hören wollen. Sie würden so viel essen wie schon lange nicht mehr und irgendwann mit vollen Bäuchen zufrieden einschlafen. All das sah Raak vor seinen Augen, als ob es soeben geschehen würde.

✻

Der Löwe hob seinen Kopf. Einer der Zweibeiner näherte sich. Der Löwe rührte sich nicht und wartete ab.
Zedeg wusste, dass Bilg seinem sicheren Tod entgegen ging, doch er war stolz auf seinen Bruder. Bilg versuchte das Unmögliche und lehnte sich mit all seinem Mut und seiner Kraft gegen einen übermächtigen Gegner auf. Als er Bilg hinterher blickte, erwachte auch in ihm der Mut der Verzweiflung. Er nahm seinen Speer und folgte Bilg.
Der Löwe wich zurück. Er war den Jägern überlegen, aber das Verhalten dieser Wesen irritierte ihn. In diesem kurzen Moment, als die Jäger das Zögern des Löwen bemerkten, spürten sie: Das Unmögliche war zu schaffen! Und ohne zu überlegen stürmten alle mit erhobenen Speeren hinter Bilg und Zedeg her.
Der Löwe war verunsichert. Einige Augenblicke verharrte er noch bei dem Pferd, aber als die Menschen näher kamen, wandte er sich ab und machte sich davon. Vielleicht hatte er einfach schon genug gefressen und ging einer Auseinandersetzung mit ungewissem Ausgang aus dem Weg.
Als die Männer bei dem Pferd ankamen, war ihre Freude grenzenlos. Sie hatten ihre Beute dem Löwen abgetrotzt, und der Löwe war das mächtigste aller Lebewesen!
Doch bald besannen sie sich. Sie mussten nun schnell handeln, bevor der Löwe es sich vielleicht anders überlegte und wieder zurückkehrte. Sie machten sich an die Arbeit und zogen dem Pferd mit geübten und eingespielten Handgriffen gemeinsam die Haut ab.
Sie wussten aus Erfahrung, dass die Haut des Pferdes nicht gut zum Gerben geeignet war, zumal der Löwe ein großes Loch in den Rückenbereich des Tieres gerissen hatte. Doch sie wollten nicht auf das Leder verzichten, da ihre Jagderfolge in letzter Zeit spärlich waren.
Teile der Pferdehaut konnten sie zumindest noch zu Riemen verarbeiten. Danach lösten sie das Muskelfleisch von den Knochen.

Sie konnten nicht das ganze Fleisch zum Lager schaffen und beschränkten sich notgedrungen auf die Mitnahme der besten Stücke. Herz und Leber des Pferdes verschlangen die Männer roh und warm gleich an Ort und Stelle, ihre fröhlichen Gesichter waren bis zu den Haaren mit Blut verschmiert. Mit ihren Hornsteinmessern brachen sie den Magen auf und verspeisten den bereits halb vergorenen Inhalt aus Gräsern und Moos. Bei ihrer überwiegend fleischlichen Kost war dies eine willkommene und vor allem sehr nahrhafte Abwechslung.
Zuletzt brach Bilg die Schneidezähne des Pferdes heraus, denn daraus konnte sich seine Gefährtin Roda ein Schmuckstück fertigen. Der Rest des Pferdes gehörte den Raubtieren und Aasfressern, und diese, das wussten die Jäger aus Erfahrung, würden nicht lange auf sich warten lassen. Dann schulterte jeder einen Teil des Fleisches und sie machten sich auf den Weg zurück ins Lager.

Schweigend gingen die Männer hinter Bilg her. Ein jeder trat in die Fußstapfen seines Vordermannes, um die Anstrengung des Marsches so gering wie möglich zu halten.
„Ich bin froh über unseren Erfolg“, sagte Jarik, der direkt hinter Bilg ging. Er ließ seine Worte bewusst ein wenig wirken, bevor er weiter sprach.
„Aber das hättest du nicht tun dürfen.“
Alle wussten, was er damit meinte. Auch Bilg wusste es, doch er schwieg.
„Du hörst es nicht gerne“, fuhr Jarik fort, „und der Erfolg scheint dir Recht zu geben. Doch es war viel zu gefährlich. Was wäre, wenn der Löwe dich getötet hätte? Du bist der beste Jäger des Clans, ohne dich wäre alles sehr viel schwerer geworden. Du hättest in diesem Augenblick an unsere Kinder denken müssen.“
Ängstlich warteten die Männer auf eine Reaktion Bilgs. Doch der ging weiter als ob er Jarik nicht gehört hätte.

Als schon niemand mehr mit einer Antwort rechnete, blieb Bilg plötzlich stehen. Langsam drehte er sich um und sagte: „Du trägst das Fleisch des Pferdes auf dem Rücken und wirfst mir vor, nicht an unsere Kinder zu denken? Wir kehren zurück und alle haben zu essen. Dein Kind genauso viel wie meines."

Die letzten Worte hatte Bilg leise und nachdenklich gesprochen. Dann drehte er sich um und ging weiter.

❋

Als die Jäger in Sichtweite des Lagers kamen, war die Freude bei den Frauen und Kindern groß. Die Kinder rannten den Männern aufgeregt entgegen und begleiteten sie jubelnd auf ihrem letzten Wegstück.

Raak saß noch immer allein im Zelt und schnitzte an seiner Mammutfigur. Als er den Jubel der Kinder hörte, hob er den Kopf und lächelte. Die Jäger kehrten zurück. Sie mussten Erfolg gehabt haben. Nun konnten sie die Sorgen und den Hunger für die nächste Zeit vergessen.

Doch er blieb sitzen. Sollten die Kinder den Jägern entgegeneilen und die Frauen ihnen um den Hals fallen. Er war zu alt für diese Gefühlsausbrüche. Wehmütig ließ er seine Gedanken in die Vergangenheit schweifen. Noch im letzten Winter hatte der Clan dreiundzwanzig Menschen gezählt, eine Frau war seither bei der Geburt ihres Kindes gestorben. Die Männer sterben durch die großen Tiere, die Frauen bei der Geburt unserer Kinder, dachte Raak.

Das Kind der verstorbenen Frau, ein Mädchen, hatte überlebt, und niemand hatte gewusst, was mit ihm geschehen sollte. Damals hatte er die Frauen gefragt, ob sie das Neugeborene aufziehen wollten. Doch sie hatten geschwiegen. Sie hatten schon zu wenig Nahrung für ihre eigenen Kinder, wie sollten sie auch noch ein fremdes aufziehen?

Nicht einmal Abhar, der Vater des Mädchens, hatte etwas gesagt. Er hatte das Kind nicht gewollt, denn seine Gefährtin war bei der Geburt gestorben.
Raak hatte ihnen keinen Vorwurf gemacht. Er hatte gewusst was zu tun war. Er hatte das Neugeborene in ein Fell gewickelt und war mit ihm aus dem Lager gegangen. Er hatte getan was getan werden musste. Als er ohne das Kind wieder zurückgekehrt war, waren ihm alle aus dem Weg gegangen. Sie hatten sich schuldig gefühlt.
Vor dem Zelt wurde es plötzlich still. Er blickte auf. Die Ruhe gefiel ihm nicht. Was ging da draußen vor? In diesem Augenblick streckte Aro seinen Kopf zum Zelt herein.
„Komm heraus. Die Männer streiten. Wir brauchen dich."
„Warum streiten sie?", fragte Raak, während er mühsam aufstand.
Aro legte seine Stirn in Falten und setzte zu einer Erklärung an.

❋

Die Jäger kamen nach einer langen Zeit des Misserfolges wieder einmal mit Beute nach Hause. Sie hatten ein Pferd erlegt und es anschließend erfolgreich gegen einen Löwen verteidigt. Freudig sprangen ihnen die Kinder entgegen, die Frauen winkten ihnen aus der Ferne zu. Doch noch während die Jäger die erbeuteten Fleischstücke auf den Vorplatz des Zeltes legten, bemerkten die Frauen die schlechte Stimmung unter ihren Männern.
„Dieses Stück gehört mir. Mir allein", sagte Bilg und deutete auf das größte Stück Fleisch in ihrer Mitte.
Niemand, nicht einmal sein Bruder Zedeg, wagte ihm zu widersprechen.
Seit jeher wurde das erlegte Wild unter den Familien zu gleichen Teilen geteilt, egal wessen Einsatz bei der Jagd am größten gewe-

sen war. Das Verhalten Bilgs verstieß gegen einen der wichtigsten Grundsätze des Clans.
„Das ist nicht gut."
Bilg fuhr herum. Wer wagte es, ihm zu widersprechen?
„Teile gerecht. Tust du es nicht, so werden die Kinder hungern", sagte Jali und stellte sich zwischen Bilg und das erbeutete Fleisch. Fassungslos starrte Bilg Jali an. Mit Widerstand hatte er gerechnet, aber nicht von einem jungen Mann, der noch nicht einmal an einer Jagd teilgenommen hatte. Es dauerte einige Augenblicke, bis Bilg seine Beherrschung wiedergewann.
„Was willst du mir vorschreiben?", erwiderte er und schob Jali einfach zur Seite. Er griff nach seinem Steinmesser und machte sich an dem Fleischstück zu schaffen. Doch Jali blieb hartnäckig.
„Auch du isst immer von den Nüssen und Beeren, die ich zusammen mit den Frauen sammle und die wir immer gerecht mit dir teilen."
Bilg wandte sich Jali zu. Er war kurz davor ihn niederzuschlagen. Doch Jali war noch kein gleichwertiger Gegner, er war viel zu jung. Bilg scheute sich davor, ihn zu schlagen. Wäre Jali ein Jäger gewesen, so hätte Bilg ihn sicher mit einem Schlag niedergestreckt. Doch er zögerte. Woher nahm dieser Junge die Dreistigkeit, ihm, dem großen Jäger, etwas vorzuschreiben? Aber er war sich seiner Sache schon nicht mehr ganz sicher. Er fühlte die Wahrheit in Jalis Worten.
„Ich muss sehen, dass mein eigenes Kind satt wird", sagte er leise.
„Wenn du mit den Männern auf der Jagd bist, wird dein Kind von den Frauen, von Raak und von Aro beschützt. Du solltest gerecht teilen, denn alle tragen auf ihre Weise zum Erfolg bei", sagte Jali beschwichtigend. In diesem Augenblick trat Raak aus dem Zelt. Sofort richteten sich alle Blicke auf ihn. Er hatte die letzten Worte Jalis gehört und schob sein Kinn nach vorn. Feierlich erklärte er:

„Der Junge hat Recht. Auch für dein Kind würde ich sterben." Er deutete auf das vor Bilg liegende Fleischstück. „Was du tust ist nicht gut!"
Nun spürte Bilg die Augen der ganzen Gruppe auf ihm liegen. Die Worte Raaks hatten Gewicht, die Menschen hörten auf ihn. Nur selten mischte sich Raak in die Angelegenheiten der Jäger ein, aber wenn er es tat, dann hatte sein Ratschlag großes Gewicht.
Bilg dachte nach. Was der Junge sagte, war richtig. Was Raak sagte, war genauso richtig. Nur gemeinsam konnten sie überleben. Und nun war er selbst es, der ihre Gemeinschaft gefährdete. Er senkte den Kopf und gab nach.
„Ihr habt Recht. Lasst uns gerecht teilen", sagte er kleinlaut.
„Nein, nicht ganz", erwiderte Jali.
Bilg blickte ihn erstaunt an. Was wollte der Junge noch?
„Dir haben wir es zu verdanken, dass wir heute nicht hungrig schlafen gehen. Schneide du als erster deinen Anteil heraus. Wähle das schönste Stück. Es wird niemand etwas dagegen haben."
Bilg sah sich um. Alle nickten freundlich und zustimmend. Er fühlte sich geehrt, aller Zorn war auf einmal verflogen. Er zerteilte das Wild, und wer genau beobachtete, bemerkte, dass er seinen eigenen Anteil sogar ein wenig kleiner machte als den der anderen.
Dann wurde das Fleisch verteilt, und bei der Freude über die Beute war der Vorfall schnell vergessen. Nur Aro und Raak unterhielten sich noch manchmal darüber. Diesmal war es noch gut gegangen. Aber ein Tabu war gebrochen. Sie waren sehr beunruhigt, und jeder der beiden zog seine eigenen Schlüsse daraus.

*

Wenn die Sonne untergegangen war, wurde es außerhalb des Zeltes schnell bitter kalt. Die Menschen versammelten sich dann um das Feuer in ihrer Mitte und vertrieben sich die Zeit. Kleider wurden ausgebessert, Werkzeuge wurden geschärft, und bei all dem wurden immer wieder Geschichten erzählt. Oft ging es in diesen Geschichten um Begegnungen von Clanmenschen und Erdmenschen, jenen anderen Menschen mit den flachen Schädeln, auf die die Vorfahren bei ihren Wanderungen immer wieder gestoßen waren. Die fremden Menschen wurden Erdmenschen genannt, da sie im Gegensatz zu den Menschen des Clans bevorzugt in Höhlen lebten. Niemand, selbst Raak nicht, hatte jemals einen Erdmenschen gesehen.

Das Volk der Erdmenschen existierte vor allem in den Geschichten des Clans. Die Erdmenschen waren, so erzählte man sich, ganz anders als die Menschen. Was von den Menschen als gut und richtig angesehen wurde, wurde von den Erdmenschen verachtet und verhöhnt. Die Erdmenschen schlugen ihre Kinder und versorgten ihre Alten schlecht. Aber damit nicht genug. Sie aßen in Zeiten der Not auch das Fleisch ihresgleichen. Sie ehrten ihre Toten nicht, weil sie sie nicht begruben.

Wenn sich die Menschen des Clans am Feuer zusammenfanden und sich diese schauerlichen Geschichten über die Erdmenschen erzählten, fiel ab und zu ein scheuer Blick auf Aro, der sich meist etwas abseits ins Halbdunkel setzte und seiner Arbeit nachging. Es hieß, Aros Vater sei ein Freund dieser fremden Menschen gewesen. Aro wurde von den anderen vor allem wegen seiner Kenntnis der Heilpflanzen geachtet, aber dieses Wissen stammte, so vermuteten die Menschen, von seinem Vater. Und um diesen gab es viele Gerüchte. Er solle, so erzählte man sich im Clan, rege Kontakte mit den Erdmenschen gepflegt haben. In den Geschichten, die sich die Menschen abends am Feuer erzählten, ging es oft um Aros Vater.

Der Einzige, der die Männer und Frauen zurechtwies, wenn diese Geschichten gar zu unglaubwürdig und grausam wurden, war Raak.
„Niemand von euch hat jemals einen Erdmenschen gesehen. Woher wisst ihr all diese Dinge so genau?"
Die so angesprochenen blickten dann verlegen zu Boden und schwiegen. Doch meist ließ sie Raak gewähren. Ab und zu erzählte er sogar selbst eine Geschichte aus den Tagen, als die Ahnen der Menschen bei ihren Wanderungen auf die Erdmenschen stießen. Denn so sehr Raak den Wahrheitsgehalt dieser Geschichten bezweifelte, so sehr wusste er auch um die Wichtigkeit dieser Geschichten. Sie stärkten das Gefühl der Zusammengehörigkeit unter den Menschen. Die Erdmenschen waren schlecht, sie selbst waren gut. Alles Verwerfliche wurde in den Erdmenschen gesehen, und so festigten sich die Werte des Clans.
Ob die Geschichten nun wahr oder falsch waren, sie erfüllten einen wichtigen Zweck.

❋

Sie hatten das Fleisch zerteilt und den größten Teil davon in eine Vorratsgrube im gefrorenen Boden gelegt. Danach hatten sie gegessen und saßen nun zufrieden um das Feuer in ihrer Mitte. Nicht nur einmal hatte vor allem Bilg die Begebenheiten während der Jagd geschildert. Doch irgendwann, draußen war es schon lange dunkel, hatte selbst Bilg genug davon. Er wandte sich an Raak: „Erzähle uns eine Geschichte aus den Zeiten der Väter."
Raak, der bisher nachdenklich ins Feuer gestarrt hatte, schaute auf. Mit seinen braunen Augen sah er in die Runde. Zedeg warf dürre Zweige und Knochen in das Feuer und blickte ihn erwartungsvoll an. Eine solche Gelegenheit wollte sich niemand entgehen lassen.

Der Schein des Feuers erhellte die Gesichter der Menschen, als sie zusammenrückten, um Raaks Worte besser hören zu können.
„Gut, ich will euch eine Geschichte erzählen. Ich habe sie von meinem Vater gehört. Es ist eine Geschichte aus der Zeit, als unser Volk mit den anderen Menschen, den Erdmenschen mit den flachen Schädeln, hier im Tal zusammentraf. Ich weiß nicht, ob ich sie schon einmal erzählt habe."
Alle schmunzelten. Bestimmt hatte Raak die Geschichte schon einmal erzählt. Aber darauf kam es nicht an. Jedes Mal, wenn er eine Geschichte erzählte, war sie ein klein wenig anders. Raak schaute zu Aro hinüber, der einen Lederbeutel ausbesserte. Aro verzog keine Miene, äußerlich war er wie immer ruhig. Raak begann zu erzählen:
„Vor langer Zeit machten sich die Väter und Mütter auf und verließen ihre Heimat, denn sie fanden kein Wild mehr dort wo sie wohnten. Sie folgten dem Lauf des großen Flusses stromaufwärts und kamen immer näher an dieses Land heran". Er machte eine ausladende Handbewegung und deutete auf das Tal außerhalb des Zeltes.
„Immer wieder wurden Späher vorausgeschickt, um den Weg zu erkunden. Und eines Tages brachten sie seltsame Kunde. Sie seien, so berichteten sie, hier im Tal auf ein Lager der Erdmenschen gestoßen. Weithin war der Rauch des fremden Feuers zu sehen gewesen. So war es für die Späher nicht schwer gewesen, sich dem Lager zu nähern. Vorsichtig, denn sie wollten nicht bemerkt werden, schlichen sie sich an die an einem Berghang liegende Höhle heran."
Raak stand mühsam auf und nahm einen Speer in die Hand. Langsam und gebeugt schlich er um das Feuer und spielte das Anschleichen der Späher nach. Gebannt beobachteten die Sitzenden Raak, die Kinder suchten ängstlich die Nähe ihrer Mütter.
Er blieb stehen und deutete auf das Feuer, worauf alle in die Flammen in ihrer Mitte blickten. Alle glaubten zu wissen, wie

die Geschichte nun weitergehen würde. Gleich würde Raak von irgendwelchen Grausamkeiten der Erdmenschen, so erwarteten sie, berichten.
„Plötzlich“, fuhr Raak mit seiner Geschichte fort, „rutschte ein Späher an einem bemoosten Fels aus und fiel eine Geröllhalde hinab. Dabei wurde er von den herabrollenden Steinen schwer verletzt. Gebannt vor Schreck sahen die Männer ihrem Gefährten nach. Aber auch die Erdmenschen bemerkten den Lärm und eilten herbei.“
Aro hielt mit seiner Arbeit inne. Diese Wendung der Geschichte kannte er nicht. Er legte seinen Lederbeutel zur Seite und sah hinüber zu Raak. In diesem Moment trafen sich ihre Blicke, und Aro glaubte einen seltsamen Glanz in den Augen des Alten zu erkennen, als er weitererzählte.
„Der Gestürzte war dem Tod geweiht, denn schnell und in großer Zahl näherten sich die Fremden. Unsere Männer flüchteten und ließen den Gefallenen im Stich, denn die Erdmenschen waren in der Überzahl.“
Bilg sah Raak erstaunt an. Auch er hatte die Geschichte so noch nie gehört. „Erzähle“, drängte er neugierig. „Wie ging es weiter? Haben die Erdmenschen den Späher gefressen?“
Alle Augen richteten sich auf Raak, als er weitererzählte:
„Nein. Viele Monde später kam der verlorene Späher von selbst wieder zurück in das Lager des Clans. Die Erdmenschen hatten ihn gesund gepflegt.“ Bei diesen Worten flüsterten die am Feuer Sitzenden ungläubig miteinander. Aber Raak fuhr unbeirrt fort. „Der Zurückgekehrte war nicht mehr derselbe. Er war verstört und berichtete seltsame Dinge über die Fremden. Niemand glaubte ihm.“
Raak machte erneut eine Pause in seiner Erzählung. Die Spannung stieg. Er blickte in die Runde und sah in die ernsten Gesichter seiner Zuhörer.

„Er sagte, dass die Fremden ihn gelehrt hätten, mit den Tieren zu sprechen." Die Spannung löste sich und alle lachten. Mit den Tieren sprechen! So ein Unsinn konnte nur von den Erdmenschen kommen. Unwillig fuhr Raak fort:
„Ihr solltet nicht lachen. Wer weiß, vielleicht können sie wirklich mit den Tieren sprechen. Es sind große Jäger. Vielleicht verdanken sie dieser Fähigkeit ihre Jagderfolge."
Zedeg wieherte wie ein Pferd und prustete: „Aber ja, ich kann auch mit den Pferden sprechen!"
Bilg furzte und schrie lachend: „Ich bin ein Bär."
Das Lachen der Runde schwoll zum Gebrüll an. Missmutig zog sich Raak aus dem Zelt zurück, was der Fröhlichkeit der anderen aber keinen Abbruch tat. Draußen in der Dunkelheit stand auch Aro. Raak hatte nicht bemerkt, wie auch er das Zelt verlassen hatte. Ein kalter Wind strich den beiden über ihre Gesichter, als Raak sich an Aro wandte:
„Sprichst du auch mit den Tieren?" Mahnend hob er seinen Finger. „Sieh dich vor! Sie verstehen das nicht. Und alles, was sie nicht verstehen, hassen sie." Er deutete auf das Zelt hinter ihnen und fuhr fort.
„Ihre Bäuche sind voll und sie sind vergnügt. Aber schon morgen kann es wieder anders sein."
„Ich habe noch niemals über diese Dinge gesprochen", versetzte Aro.
„Ich beobachte dich schon seit langer Zeit", sagte Raak und runzelte dabei nachdenklich seine Stirn. „Dein Wissen darf nicht verloren gehen. Auch du wirst eines Tages sterben. Du solltest deine Erfahrungen weitergeben."
Seltsam, dachte Aro, er hat den gleichen Gedanken wie ich.
Er musterte Raak nun genau. „Die Geschichte, die du im Zelt erzählt hast, hat sie sich wirklich so zugetragen?"
„Ja. Der Mann, der von den Erdmenschen zurückkehrte, war

mein Freund. Niemand im Clan hörte ihm zu, sie lachten nur über ihn. So hat er alles mir erzählt. Und seit dieser Zeit haben sich die Menschen des Clans nicht geändert. Auch heute noch lachen und spotten sie nur über die Erdmenschen. Deshalb erzähle ich diese Geschichten nicht."

„Aber heute hast du nicht geschwiegen. Warum?"

„Ich habe für dich erzählt", sagte Raak. Er machte mit seiner Hand eine zupackende Bewegung und fuhr dann fort. „Das Eis greift mit kalter Hand nach uns. Es wird immer schwieriger, das Wild aufzuspüren. Und wenn die Jäger Beute machen, dann streiten sie sich darum. So etwas hat es noch nie gegeben. So darf es nicht weitergehen, sonst fällt der Clan auseinander."

Schweigend standen beide eine Weile nebeneinander und dachten nach. Irgendwann sagte Raak: „Jali ist die Antwort auf unsere Fragen. Er ist mutig und klug. Wenn er älter ist, sollte er den Clan führen und nicht Bilg."

„Bilg ist ein guter Jäger", entgegnete Aro.

„Ja. Aber er lässt sich zu sehr von seinen Gefühlen leiten. In seinem Zorn ist er dumm und gefährlich wie ein Nashorn".

Aro nickte. Das war auch seine Meinung. Ihn beschäftigte aber auch noch eine andere Frage. Zögernd wandte er sich an Raak.

„Schon mein ganzes Leben versuche ich Licht in die Dunkelheit meiner Kindheit zu bringen. Ich frage mich, ob…", er stockte.

Raak wartete nicht, bis Aro die richtigen Worte fand.

„Dich interessiert das Leben deines Vaters. Ich will dir sagen, was ich weiß. Der Mann, von dem ich in der Geschichte sprach, war tatsächlich dein Vater. Durch seinen Aufenthalt bei den Erdmenschen und sein sonderbares Verhalten danach wurde er von den Menschen mit Argwohn betrachtet. Er wurde wie du zu einem Einzelgänger und hatte kaum noch Kontakt mit den Menschen, die ihm ihrerseits nur noch Verachtung entgegenbrachten. Und eines Tages, du warst noch ein kleiner Junge, da verließ er dich und deine Mutter und ging fort. Er verabschiedete sich nicht. Niemand hat ihn je wieder gesehen. Die Menschen des Clans sagten sich damals, dass er wieder zurück zu den Erdmenschen gegangen sei, aber es war nur eine Vermutung. Deine Mutter wurde von einem anderen Mann des Clans zur Frau genommen, und dieser nahm auch dich als seinen Sohn an."

Aro fuhr mit seiner Hand nachdenklich über seine Stirn und erwiderte:

„Ich kann mich nur dunkel an meinen Vater erinnern. Wie aus weiter Ferne höre ich ihn manchmal singen. Und ich sehe ihn tanzen. Vor langer Zeit habe ich ihn auf seinen Streifzügen begleitet, aber ich war damals noch zu jung um zu verstehen."

„Wir sind alt", sagte Raak, „und die Vergangenheit können wir nicht ändern. Wir müssen an die Zukunft denken. Wir müssen das Überleben des Clans sichern."

Nach diesen Worten wandte er sich ab und schlüpfte zurück in das Zelt. Aro drehte sein Gesicht in den Wind und schloss seine Augen. Er spürte, wie der Wind die Tränen in seinem faltigen Gesicht verwischte. Noch lange stand er allein vor dem Zelt und hörte Raak drinnen seine Geschichten erzählen.

❋

Am nächsten Morgen ließ sich niemand von der Sonne wecken, denn Raak hatte bis tief in die Nacht hinein erzählt.

Nur eine alte Frau stieg vorsichtig über die in Felle gewickelten Körper und verließ das Zelt. Bei kaltem Wetter schmerzten ihre Gelenke und dann konnte sie sich kaum noch bewegen. Doch heute Morgen fühlte sie sich gut und wollte nicht länger untätig herumliegen. Sie wollte sich nützlich machen und wenigstens etwas Holz sammeln. Sie war dem Clan schon lange keine Hilfe mehr, im Gegenteil, oft fühlte sie sich unnütz und empfand sich

als Last für die anderen. Vor allem in Zeiten des Hungers hatte sie ein schlechtes Gewissen und wünschte sich zu sterben. Jeder Bissen, den sie aß, fehlte den Kindern.
Sie ging zum Fluss, der immer wieder etwas Treibholz anspülte. Es musste zwar noch getrocknet werden, aber danach brannte es gut.
Sie genoss die morgendliche Ruhe und die wärmenden Sonnenstrahlen auf ihrem Gesicht. Und sie war unaufmerksam.
Sie hörte das Knacken eines Zweiges. Sie blickte sich um, aber ihre Augen waren nicht mehr die besten. War das Geräusch aus dem Weidengebüsch am Flussufer gekommen? Sie hielt inne und horchte. Nichts war zu hören. Nichts, nicht einmal die Vögel. In der Nähe des Gebüsches entdeckte sie ein paar Stücke Holz, die sich an einem Stein am Ufer verfangen hatten. Langsam stapfte sie durch den Schnee auf den Fluss zu.
Wieder hörte sie ein Geräusch. Ein Knirschen, so als ob ein Fuß in die frische Schneedecke eindränge. Sie blickte auf und traute ihren Augen nicht. Sie öffnete erschrocken ihren Mund, aber der Schrei erstarb ihr auf den Lippen. Damit hatte sie nicht gerechnet. Dann ging alles sehr schnell. Viel zu schnell für die alte Frau.

Erst vor ein paar Sommern war ein Kind auf einem Stein ausgerutscht, in den Fluss gefallen und im eiskalten Wasser ertrunken. Doch den Kindern machte es Spaß, mit Steinen und Stöcken auf die Jagd nach Fischen zu gehen, und sie ließen sich auch nicht von den Verboten der Erwachsenen davon abhalten.
Doch an diesem Morgen machten sie eine schreckliche Entdeckung. In der Nähe einer Flussbiegung, nicht weit entfernt vom Lager, fanden sie den leblosen Körper der alten Noor. Es war ein furchtbarer Anblick. Der Schnee rings um sie war rot gefärbt. Sofort rannten die Kinder ins Lager zurück und berichteten den Erwachsenen von ihrer Entdeckung.

„Zedeg, Raak, ihr kommt mit zum Fluss“, befahl Bilg, „die anderen bleiben im Lager und warten.“ Er nahm seinen Speer und ging mit großen Schritten hinunter zum Fluss. Zedeg und Raak eilten hinter ihm her und hatten Mühe Schritt zu halten.
Keiner von ihnen sprach ein Wort. Als die drei am Fluss angekommen waren, bestätigten sich ihre schlimmsten Befürchtungen. Sie erkannten Noor an ihrer Kleidung. Wie von den Kindern beschrieben, lag sie auf dem Bauch im Schnee.
„Sie ist tot!“, stellte Bilg ratlos fest. Zedeg wollte die tote Frau umdrehen, wurde aber von Raak zurückgehalten.
„Warte. Wir müssen erst die Umgebung nach Spuren absuchen.“
Raak ging in die Hocke und besah sich die Spuren im Schnee. Seine Miene verfinsterte sich. „Es war kein Raubtier. Sie wurde von jemand getötet, der wie wir auf zwei Beinen geht und Fellschuhe trägt.“ Bei diesen Worten deutete Raak mit einem Finger auf Fußabdrücke im Schnee.
Bilg und Zedeg rissen ungläubig ihre Augen auf. Sie hatten geglaubt, dass ein Löwe oder ein Bär Noor getötet hätte. Oft ereilte der Tod durch ein Raubtier die Menschen des Clans. Das hätte Bilg und Zedeg nicht erstaunt. Aber der Tod eines Menschen durch einen anderen Menschen war etwas sehr Außergewöhnliches und Beunruhigendes. Denn das Überleben des Clans hing davon ab, dass sich die Menschen gegenseitig achteten und unterstützten. Ein Mörder in ihrem Clan – das war undenkbar.
„Der Mörder hat ihr in diesem Gebüsch aufgelauert“, fuhr Raak fort. Er deutete auf das Weidengebüsch am Flussufer. Jetzt besahen sich auch Bilg und Zedeg die Spuren genauer.
„Wo kam er her?“, fragte Zedeg.
Bilg verfolgte die Spuren des Angreifers vom Gebüsch bis zum Fluss zurück. Er deutete auf Fußabdrücke im schlammigen Ufer.

„Der Mörder kam entlang des Flusses. Das Wasser hat die Spuren bereits verwischt."
Bilg und Zedeg untersuchten das Gebüsch, in dem der Mörder der alten Frau aufgelauert hatte. Derweil besah sich Raak das Opfer genauer.
„Es war ein Erdmensch!", schrie Raak auf einmal erstaunt. „Kommt her und seht euch das an!"

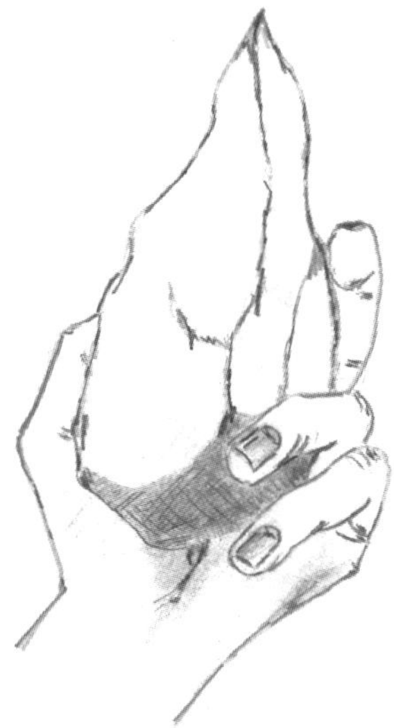

Als Bilg und Zedeg herangekommen waren, drehte er Noors Körper ein wenig zur Seite und deutete auf einen Faustkeil, der bisher unter der toten Frau verborgen gewesen war.
Raak nahm den Faustkeil in seine Hand und untersuchte ihn genauer. „Solche Waffen werden von den Menschen des Clans nicht benutzt. Es ist die Waffe eines Erdmenschen."
„Bist du dir sicher?", fragte Bilg und starrte ihn entsetzt an.
„Ja. Ich habe diese Art von Waffen schon oft gesehen. Sie lassen sie in ihren Höhlen zurück."
Bilg und Zedeg blickten sich an. Erdmenschen! Noch nie hatten sie selbst erlebt, dass es zu einer Begegnung zwischen Clan- und Erdmenschen gekommen war. Und nun das!
„Aber wieso hat er seine Waffe hier zurückgelassen?", fragte Zedeg.
Nachdenklich drehte Raak die Waffe in seiner Hand.
„Vielleicht hat sie ihm die Waffe im Kampf entrissen. Ich weiß es nicht", antwortete Raak. Zedeg nickte. So musste es gewesen sein. Raak suchte mit seinen Augen die Umgebung ab und run-

zelte die Stirn. „Wir müssen schnell zurück ins Lager. Dort können wir uns beraten. Nehmt die Frau und kommt."
Bilg packte die tote Frau an den Schultern und Zedeg klemmte sich ihre Beine unter die Arme.

Wortlos legten sie den toten Körper im Lager auf den Boden. Rings herum standen die Menschen und starrten auf die Tote.
„Was ist passiert?", fragte Jordun.
„Die Erdmenschen haben sie getötet", sagte Bilg mit versteinerter Miene. Aus dem anfänglichen Gemurmel der herumstehenden Menschen entwickelte sich ein Tumult, in dem alle aufgeregt durcheinander redeten.
„Seid still!", übertönte Raak die Menge. Alle wurden ruhig. „Wir müssen reden." Bilg schlug das Fell am Eingang zur Seite und trat in das Halbdunkel des Gemeinschaftszeltes. Die anderen folgten ihm und setzten sich um die Feuerstelle. Die tote Frau ließen sie vor den Zelt liegen.
Zuerst berichtete Bilg über das, was sie unten am Fluss vorgefunden hatten. Als er auf die Erdmenschen zu sprechen kam, hob er die Waffe, die Raak gefunden hatte, in die Höhe. Entsetzt starrten die Menschen auf das grob behauene Steinmesser.
„Es ist die Waffe eines Erdmenschen", sagte Bilg und blickte dabei zu Raak. Dieser nickte bestätigend. In die darauf folgende Stille sagte Medim, Zedegs Gefährtin:
„Wir sollten unser Lager aufgeben und von hier fortgehen. Wenn wir hier bleiben, wird niemand mehr ruhig schlafen können."
Sofort widersprach Zedeg: „Wir sollten nicht vor ihnen weglaufen. Wo wir hingehen, können uns auch die Erdmenschen folgen. Wir sollten uns ihnen hier stellen."
„Noch nie sind wir den Erdmenschen begegnet. Wenn es sie überhaupt gibt, sind sie friedlich", bemerkte Aro. „Wir sollten das Lager nicht aufgrund von Vermutungen aufgeben."

Kaum dass er ausgesprochen hatte, war ihm klar, dass er besser geschwiegen hätte. Ein Sturm der Entrüstung brach los.
„Vermutungen? Schau hinaus vor das Zelt, dort liegt eine tote Frau“, erwiderte Roda voll Zorn. Sie riss ihrem Gefährten Bilg den Faustkeil aus der Hand und hielt ihn Aro vor das Gesicht. „Sind das auch nur Vermutungen?“
Aro wusste, dass es jetzt besser war zu schweigen. Zufrieden wandte sich Roda wieder den anderen zu. „Ich bin auch nicht der Meinung von Medim. Wir dürfen uns nicht einschüchtern lassen. Wir sind Clanmenschen. Und sie sind nur Erdmenschen. Schaut euch nur diese plumpe Waffe an“, sie hob den Faustkeil, den sie immer noch in ihrer Hand hielt, hoch. „Sie können nicht einmal gute Waffen herstellen. Sie sind dazu viel zu dumm. Und sie haben nicht den Mut, uns direkt anzugreifen. Stattdessen lauern sie hinterhältig einer alten Frau auf.“
Roda, die im Clan bekannt war für ihre flammenden Reden, machte eine kurze Pause, um ihre Worte wirken zu lassen. Erst als sie sah, dass ihre Zuhörer zustimmend nickten, fuhr sie fort. „Wir haben ein Recht darauf hier zu sein, denn unsere Ahnen wiesen uns den Weg hierher. Nicht wir müssen weichen, die Erdmenschen müssen weichen.“
Niemand wollte Rodas Worten widersprechen. So sagte Bilg nach einer kurzen Zeit des Schweigens:
„Zedeg und Jordun, nehmt eure Waffen. Wir machen uns auf die Suche nach den Erdmenschen. Alle anderen bleiben im Lager, um es bei einem Angriff zu verteidigen. Vielleicht planen sie einen Hinterhalt und wollen die Abwesenheit der Jäger für einen Angriff nutzen.“ Damit stand er auf und ging aus dem Zelt. Es mussten nun zuerst die Vorbereitungen für das Begräbnis von Noor getroffen werden.

Raak wies Bilg, Zedeg und Jordun den Weg.
„Folgt dem Fluss zwei Tage stromaufwärts. Am Abend des zweiten Tages kommt ihr an Dagdars Platz."
Bilg nickte. Er kannte diesen Platz. Vor vielen Generationen war dort ein Jäger mit Namen Dagdar von einem Nashorn getötet worden. Seine Begleiter hatten ihn damals am Fuße eines großen Felsens begraben, und seither trug dieser Fels Dagdars Namen.
Im Jagdgebiet des Clans gab es viele solcher Plätze, jeder markante Fels, jede Anhöhe und jede Stromschnelle trug den Namen einer Verstorbenen oder eines Verstorbenen. Manche Namen waren schon so alt, dass sich niemand mehr im Clan an die dazu gehörende Person und deren Geschichte erinnern konnte.
Goruns Platz war besonders markant, und die älteren Clanmitglieder konnten sich noch alle gut an Gorun erinnern. Er war lange Zeit der Erste Jäger des Clans gewesen. Unter seiner Führung, so erzählte Raak gerne, hatte der Clan niemals Hunger gelitten. Gorun war kein besonders kräftiger Mann gewesen, aber die Geschichten von Goruns Jagdgeschick und Klugheit erzählte man sich noch immer gerne am Feuer. Erst als Gorun sich bei der Jagd auf einen Bären schwer verletzt hatte und kurz darauf gestorben war, hatte Raak, damals noch ein junger Mann, die Führung der Jäger übernommen.
Gorun war nach seinem Tod auf Anraten Raaks hin auf einer weithin sichtbaren Hügelkuppe begraben worden. Damit hatte ihm Raak eine besondere Ehre erwiesen. Die Jäger orientierten sich bei ihren Wanderungen an dieser Kuppe und erinnerten sich an den großen Jäger.
Es war eine ganz besondere Ehre, an einem solchen Ort begraben zu sein, jeder Clanangehörige wünschte sich insgeheim eine solche Ruhestätte.

„An Dagdars Platz“, fuhr Raak fort, „verlasst ihr das Tal in Richtung der untergehenden Sonne.“
„In diese Richtung sind wir noch nie gegangen“, unterbrach ihn Bilg.
Raak lächelte.
„Ja. Wer an dieser Stelle das Tal verlässt, muss einen steilen Berghang hinauf und kommt in eine kahle, windige Ebene. In dieser Ebene sind keine Toten des Clans begraben. Es ist nicht unser Land. Jäger gehen nicht in diese Gegend, sie finden dort keine Beute. Nur im Sommer halten sich dort manchmal Rentiere auf, da der starke Wind auf der Hochfläche sie vor den Insekten schützt.“
Bilg horchte auf. Jetzt war nicht der richtige Zeitpunkt, aber vielleicht würde er später, im Sommer, mit den Jägern auf die Hochfläche gehen. Rentiere hatten gute Felle und gutes Fleisch. Vielleicht könnte er mit den Jägern die Tiere in einen Hinterhalt treiben und einige von ihnen erlegen. Aber er behielt diesen Gedanken vorerst für sich.
„Nach einem Tagesmarsch liegt die Ebene hinter euch“, fuhr Raak fort, „und ihr trefft auf einen Talkessel, in dem sich zwei Flüsse treffen. Dort, so glaube ich, halten sich die Erdmenschen in einer Höhle versteckt.“
Bilg war erstaunt.
„Woher weißt du von dieser Höhle?“
Wieder lächelte Raak.
„Ich lebe schon lange. Ich habe schon viel gehört und gesehen.“
Mit dieser Antwort war Bilg nicht zufrieden. Aber Raak sprach nicht weiter. Ihn zum Reden zu zwingen, das wusste Bilg, war sinnlos. So musste er sich mit dem Gehörten begnügen.
„Gut. Wir werden sie dort suchen“, bestätigte Bilg. Dann wandte er sich an seine Begleiter.
„Seid ihr bereit?“
Zedeg und Jordun nickten. Sie schulterten ihr Gepäck und nah-

men ihre Speere auf, dann gingen sie los. Schweigend standen die Clanmenschen da und blickten ihnen nach.

Sie hielten sich an Raaks Beschreibung und trafen am Morgen des vierten Tages auf den beschriebenen Talkessel. An der gegenüberliegenden Seite klaffte auf halber Höhe ein großes schwarzes Loch im Fels. Das musste die von Raak beschriebene Höhle der Erdmenschen sein. Aber nirgendwo war der Rauch eines Feuers zu sehen, der ihnen die Anwesenheit der Erdmenschen bestätigt hätte. Sie legten sich auf die Lauer und beobachteten angespannt den Eingang der Höhle. Ein Angriff kam ohnehin nicht in Frage, sie wollten sich nur ein Bild von der Lage machen. Doch schon nach kurzer Zeit wurde Bilg unruhig.
„Dort ist niemand mehr, die Höhle ist verlassen“, flüsterte er.
Jordun legte seine Hand auf Bilgs Arm und ermahnte ihn so zur Ruhe. Es konnte nicht schaden hier noch länger zu verweilen. Vielleicht waren die Erdmenschen unterwegs und würden erst im Lauf des Tages zurückkehren. Die Menschen des Clans würden nie so vorgehen und ihr Lager schutzlos zurücklassen, aber bei den Erdmenschen wusste man nie.
Als die Nachmittagssonne bereits ihre Rücken wärmte, war es mit Bilgs Geduld endgültig zu Ende.
„Dort ist niemand mehr“, wiederholte er in einem Ton, der erkennen ließ, dass er nicht mehr länger warten würde. Sie entschlossen sich, sich der Höhle vorsichtig zu nähern. Mit jedem Schritt, der sie der Höhle näher brachte, stieg die Anspannung der Männer. Immer wieder suchten sie Deckung und hielten inne. Doch nichts war zu hören oder zu sehen.
„Der Platz trägt kein Zeichen des Clans“, sagte Bilg und deutete auf den weißen Kalkstein. Auch Zedeg konnte nichts entdecken.

Sie betraten die geräumige Höhle. Es stank erbärmlich und überall lagen alte, ausgebleichte Knochen herum.

„Hyänen“, sagte Zedeg und strich sich mit dem Finger über seine Nase.
„Und Erdmenschen“, ergänzte Jordun. Er deutete auf eine Feuerstelle im hinteren Teil der Höhle. Die Männer besahen sich die Feuerstelle genauer. In der längst erloschenen Asche des Feuers fanden sie Knochen von allen großen Tieren, selbst das Nashorn und das Mammut schienen die Erdmenschen mit ihren einfachen Waffen gejagt zu haben. Das nötigte Bilg Respekt ab.
„Sie müssen gute Jäger sein“, sagte er und zog den angekohlten Rest eines Mammutknochens aus der Feuerstelle.
„Aber sie haben diese Höhle schon vor langer Zeit verlassen. In dieser Höhle hat schon viele Winter kein Feuer mehr gebrannt“, ergänzte Zedeg und ließ dabei die erkaltete Asche durch seine Finger rieseln. Dann griff er nach einem handlichen Stein, der neben der Feuerstalle lag, und säuberte ihn mit seiner Handfläche.
„Er ist genau so behauen wie die Waffe, mit der Noor getötet wurde“, stellte er mit einigem Erstaunen fest. Er drehte die Waffe in seiner Hand, um sie von allen Seiten zu betrachten.
Jordun und Zedeg blickten ratlos auf die Waffe in Zedegs Hand. Wie konnte das sein? Die Erdmenschen hatten diesen Platz schon lange verlassen, und doch war mit solch einer Waffe eine Frau aus dem Clan der Menschen getötet worden. Sie konnten es sich nicht erklären.
Sie sahen sich noch ein wenig in der Höhle und der näheren Umgebung um, dann traten sie den Heimweg an. Vor allem Bilg war mit dem Ergebnis der Suche nicht zufrieden. Er wollte sich nicht mit der Bedrohung durch einen unsichtbaren Gegner abfinden.

❋

„Heb das auf“, sagte Bilg drohend zu Aro. Beim Behauen einer Klinge war ihm der Schlagstein aus der Hand gerutscht und auf den Boden gefallen. Aro, der in diesem Augenblick zufällig an Bilg vorübergegangen war, starrte in verständnislos an. Es gehörte nicht zu den Gepflogenheiten im Clan, andere so herabzuwürdigen wie Bilg es gerade mit ihm tat. Doch Bilg blieb hartnäckig. Er zeigte mit seinem Finger auf den vor ihm liegenden Stein und wiederholte: „Heb das auf.“

Fast alle gingen auf dem Vorplatz des Zeltes irgendeiner Arbeit nach, doch nun erregte der gereizte Tonfall Bilgs die Aufmerksamkeit der Umstehenden. Aro wollte keinen Streit mit Bilg, aber er wollte sich seinem Willen auch nicht beugen. So wandte er sich ab und ging wortlos davon. Bilg seinerseits wollte sich das nicht gefallen lassen und geriet in Zorn. Schnell wie ein Raubtier setzte er Aro nach und schlug ihm mit seiner Faust ins Gesicht. Benommen stürzte Aro zu Boden, hustete und spuckte dabei einen Zahn aus. Er blutete aus der Nase und dem Mund. Hilfe suchend blickte er um sich.

Doch was er sah, schmerzte ihn noch mehr als der Faustschlag Bilgs. Er blickte in die lachenden Gesichter der Clanmenschen!

„Das geschieht dir ganz recht, du Erdmenschenfreund“, sagte Roda. Die anderen beließen es bei einem zustimmenden Gemurmel. Nur Raak und Jali starrten fassungslos auf Bilg. Es war viel zu schnell gegangen, um es zu verhindern, und so konnten sie den Schaden nur begrenzen. Jeder der beiden fasste Aro an einem Arm und sie halfen ihm auf die Beine. Dabei flüsterte Raak in Aros Ohr: „So kann es nicht weitergehen. Wir müssen etwas unternehmen.“

Erneut hustete Aro und spuckte Blut. Er wischte sich mit dem Handrücken das Blut von seinen Lippen.

„Ich weiß, was zu tun ist. Auf diesen Tag warte ich schon lange.“ Raak blickte ihn fragend an, doch Aro schwieg. Raaks Augen

verengten sich zu Schlitzen, als er schließlich sagte: „Auch ich weiß nun genau was zu tun ist." „Was habt ihr vor?", fragte Jali die beiden Männer.
Er bekam keine Antwort.

❋

Am nächsten Morgen, die Männer hatten sich gerade vor dem Zelt versammelt, um den Ablauf des Tages zu besprechen, trat Aro zu ihnen und sagte:
„Ich spüre die Gegenwart einer großen Mammutherde."
Aufgeregt murmelten die Männer durcheinander. Schon oft war ihnen durch einen Hinweis Aros großes Jagdglück beschert worden. Die Jagd auf das Mammut war gefährlich, aber ein erlegtes Tier würde sie für lange Zeit ernähren.
„In welcher Richtung, wie weit weg?", fragte Bilg aufgeregt, der den Streit von gestern schon wieder vergessen zu haben schien.
„Ich kann es nicht genau sagen. Die Herde ist noch zu weit entfernt. Ich werde mich auf den Weg machen und erkunden, wo genau sie ist."
Aro packte seine Sachen und schickte sich an zu gehen. Nur zu gerne hätten die Männer ihn begleitet. Doch sie wussten genau, er wäre damit nicht einverstanden gewesen. Er duldete keine Begleitung auf seinen Streifzügen.
Umso erstaunter waren sie, als er fragte:
„Ich brauche viel Gepäck, denn die Tiere sind noch weit weg. Kann mich Jali begleiten, um einen Teil meiner Sachen zu tragen?"
Die Frage war an Jalis Vater Jordun gerichtet. Erstaunt blickte dieser in die Runde. Er wollte dem Jagdglück nicht im Wege stehen. Aber bei dem Gedanken, seinen Sohn zusammen mit diesem Sonderling loszuschicken, war ihm nicht wohl. Aber Jali war

seiner Meinung nach alt genug für eigene Entscheidungen, und so schlug er vor:
„Hören wir, was Jali dazu sagt. Er soll selbst darüber entscheiden. Er ist alt genug."
Zedeg wurde losgeschickt, um Jali zu suchen. Ein paar Augenblicke später stand auch Jali am Feuer, und sein Vater wandte sich an ihn:
„Aro will eine Herde auskundschaften und benötigt Hilfe beim Tragen des Gepäcks. Er will dich mitnehmen. Diese Angelegenheit ist wichtig für den Clan, aber ich will die Entscheidung nicht für dich treffen. Du sollst selbst entscheiden. Aber mir gefällt der Gedanke nicht, dich allein mit Aro losziehen zu lassen." Bei diesen Worten blickte Jordun in Aros Gesicht. Darin war keine Regung zu erkennen. So wandte er sich wieder an Jali:
„Was sagst du dazu?"
Jali überlegte. Es gab keinen Grund, warum er Aro nicht begleiten sollte. Und wenn sie Erfolg haben würden, dann würden ihn die Jäger vielleicht endlich in ihren Kreis aufnehmen.
„Ich werde mitgehen", entschloss er sich.
Die Männer nickten mit den Köpfen, sprachen noch ein wenig miteinander über die bevorstehende Jagd und gingen dann auseinander. Für sie war die Sache damit erledigt. Jali würde Aro begleiten, und in ein paar Tagen würden sie auf große Jagd gehen. Nur Jordun, Aro und Jali blieben am Feuer zurück, und Jordun sagte zu Aro:
„Pass gut auf meinen Jungen auf!"
Aro nickte und antwortete:
„Er wird gesund wiederkommen. Mach dir seinetwegen keine Sorgen."
Danach wandte sich Jordun an Jali:
„Mutter und ich werden keine Ruhe finden, bis du wieder da bist."

Am nächsten Morgen brachen Aro und Jali noch vor Sonnenaufgang auf. Um ihren Aufbruch wurde nicht viel Aufhebens gemacht, erwartete man die beiden doch in spätestens zwei bis drei Tagen wieder im Lager zurück. So hatte sich Jali nur von seinen Eltern verabschiedet.
Aber Jali beschlich ein sonderbares Gefühl, als er aus einiger Entfernung noch einmal zum Lager zurückblickte.
Würden sie wirklich so schnell wieder zurück sein? Würden sie überhaupt jemals wieder zurückkehren?
Nur zu gerne hätte er sich von allen verabschiedet, aber er hatte Aro versprochen nicht viele Worte zu machen. Und so stapfte er hinter Aro her, während das Lager hinter ihm langsam im Morgennebel verschwand.

Die Sonne stand bereits hoch am Himmel, als Jali das Schweigen brach:
„Wohin gehen wir?“
„Wir gehen bis zu Dagdars Platz. Danach steigen wir in die Ebene hinauf und durchqueren sie.“
Jali war verwirrt.
„Dort haben Bilg und Zedeg die Erdmenschen gesucht. Was wollen wir dort?“
Aro blieb stehen.
„Wir werden sehen was kommt.“ Damit drehte er sich wieder um und ging weiter.
Als sie eine Weile schweigend hintereinander hergegangen waren, hielt Aro an und zeigte auf einen markanten Hügel in der Ferne.
„Dort ist Goruns Platz.“
„Ich weiß“, erwiderte Jali und wunderte sich über Aro. Diesen Platz kannten schon die Kinder. Warum wies ihn Aro darauf hin?
Aro ging weiter und Jali folgte dicht hinter ihm. Im Gehen sagte Aro zu Jali: „Gorun war ein kluger Mann. Wir waren Freunde.

Ich habe viel von ihm gelernt. Raak und ich waren junge Männer, als Gorun schwer verletzt wurde. Von dieser Verletzung hat sich Gorun nicht wieder erholt und starb."
Jali kannte die Geschichte Goruns. Raak hatte sie schon oft an langen Winterabenden erzählt. Jedes Kind kannte die Geschichte von Goruns Kampf mit dem Bären.
„In seinen letzten Tagen sah Gorun, dass Raak die Führung des Clans übernehmen würde. Er war darüber nicht glücklich. Und so geschah es dann auch: Nach Goruns Tod wurde Raak der Erste Jäger des Clans."
„Warum erzählst du mir das?", fragte Jali.
„Raak redet darüber nicht. Aber du solltest es wissen", antwortete Aro.
„Was sollte ich wissen?"
„Kurz bevor Gorun starb, bat er mich zu sich. Wir haben lange miteinander gesprochen. Er sagte mir wichtige Dinge. Er warnte mich vor Raak. Er gab mir den Rat, ihm aus dem Weg zu gehen. Er sagte, nur so könne ich im Clan überleben."
„Warum?", fragte Jali erstaunt.
„Ich will dir die Geschichte von Goruns Kampf mit dem Bären erzählen: Vor vielen Sommern lebte ein alter Bär im Jagdgebiet des Clans. Sein Alter setzte ihm bereits so sehr zu, dass er nur noch selten Erfolg bei der Jagd hatte. Aber der Bär wollte nicht sterben. Deshalb tat der Bär, was Bären sonst nicht tun: Er lauerte den Menschenkindern auf, tötete sie und hielt sich so am Leben. Der Clan hatte bereits zwei Kinder an den Menschenfresser verloren, als Gorun, zu dieser Zeit der Erste unter den Jägern, beschlossen hatte zu handeln. Denn es musste gehandelt werden, da die Menschen in ständiger Furcht vor dem Bären lebten. Gorun wollte den Bären töten. Das Tier war zwar alt, aber auf Grund seiner Erfahrung auch sehr gefährlich. Viele Tage lang forschte Gorun die Gewohnheiten des Bären aus, fand seine Wechsel und

schließlich auch seine Höhle. Gorun wollte mit der Jagd nicht bis zum Winterschlaf des Bären warten, denn bis dahin würde der Bär vielleicht noch ein weiteres Kind getötet haben. Die Jäger berieten sich und fassten folgenden Plan: Gorun sollte in die Höhle des Bären gehen und ihn aufschrecken, denn Gorun war mutig und schnell. Die Jäger wollten am Eingang auf den Bären lauern und ihn beim Verlassen der Höhle mit ihren Speeren töten."

„Ich kenne diese Geschichte, Raak hat sie schon oft erzählt", sagte Jali.

„Ja", bestätigte Aro. „Aber du kennst nicht das Ende der Geschichte."

„Doch", widersprach Jali. „Gorun wurde von dem Bär so schwer verletzt, dass er wenige Tage später starb."

Aro blieb so abrupt stehen, dass Jali beinahe mit ihm zusammengestoßen wäre.

„So erzählt Raak die Geschichte von Gorun. Hör mir nun gut zu. Denn ich erzähle dir das Ende der Geschichte, wie ich es von Gorun selbst gehört habe."

Und Jali hörte gut zu. Aro schilderte alles so anschaulich, dass Jali glaubte, damals selbst dabei gewesen zu sein.

„Trotz seiner Fackel fand sich Gorun nur schlecht in der Höhle zurecht. Als er stolperte, stützte er sich mit seiner rechten Hand an der Höhlenwand ab. Die Wand war feucht und kalt. Wie weit würde er in die Höhle vordringen müssen? Jeder Schritt weg vom Eingang hinein in die Dunkelheit würde seine spätere Flucht erschweren.

Behutsam setzte er einen Fuß vor den anderen. Aber trotz seiner Vorsicht gaben seine Lederschuhe bei jedem Tritt auf den nassen Lehmboden ein leise schmatzendes Geräusch von sich.

Er hört mich, schoss es ihm durch den Kopf. Wild pochte sein Herz in seiner Brust und er blieb stehen. Langsam beruhigte er sich wieder. Er ging weiter.

Nach einigen Schritten weitete sich der Gang zu einem großen Raum. Sofort nahm Gorun den starken Geruch des Bären war. Hatte der Bär auch ihn bemerkt? Gorun blieb stehen und lauschte – kein Laut war zu hören. Vorsichtig schwenkte er seine Fackel im Halbkreis und sah sich um. Und dann sah er ihn.
Nur einen Steinwurf von ihm entfernt stand der Bär an der gegenüberliegenden Höhlenwand und starrte ihn mit bösen Augen an. Offensichtlich war er vom Licht der Fackel geblendet, denn sonst hätte er sich sofort auf Gorun gestürzt.
Sofort machte Gorun kehrt und rannte davon. Er rannte um sein Leben. Der Bär war ihm auf den Fersen, das wütende Schnaufen hinter ihm kam immer näher. Doch gleichzeitig sah er vor sich schon das Tageslicht durch den Eingang der Höhle hereinschimmern. Aber gerade als Gorun ins Freie rannte, holte ihn der Bär ein. Gorun stürzte und der Bär war sofort über ihm. So oder ähnlich kennst du die Geschichte", beendete Aro seine Schilderung.
„Ja", bestätigte Jali.
„Aber Raak verschweigt bei seinen Erzählungen immer einen Teil. Mit den Jägern hatte Gorun vereinbart, dass sie sich in der Nähe des Eingangs verstecken sollten. Raak hatte dabei die wichtigste Aufgabe bekommen. Er stand auf einem Felsvorsprung über dem Höhleneingang und sollte einen Speer auf den Bär hinab werfen. Als Gorun am Boden lag und mit dem Bären kämpfte, sah er Raak. Raak zögerte mit dem Wurf. Er zögerte lange. Schließlich warf er doch, und die Jäger konnten den Bär überwältigen. Aber Gorun war schwer verletzt. Gorun war sicher, so sagte er mir, dass Raak gezögert hatte, weil er ihn töten wollte. Raak wollte Erster Jäger des Clans werden."
Jali stockte der Atem.
„Das ist ja ungeheuerlich", rief er entsetzt aus. „Wieso haben die anderen Jäger Raak nicht aufgehalten?"
„Die Jäger haben davon nichts bemerkt. Raak sagte zu ihnen, dass er nicht werfen konnte, weil er sonst Gorun getroffen hätte. Alle

glaubten ihm. Nur Gorun wusste es besser, denn er las die Gedanken in Raaks Kopf, während er ihm in die Augen blickte."

„Und warum", fragte Jali weiter, „warum hat Gorun den Jägern später davon nichts erzählt?"

„Was hätte das gebracht? Er wusste, dass er nur noch wenige Tage zu leben hatte. Und ihm war die Eintracht wichtiger als der große Streit, zu dem das Ganze unter den Jägern sicherlich geführt hätte. Ein Streit unter den Jägern, dachte Gorun, wäre das Ende des Clans. Aber er hat es nicht ganz verschwiegen. Er hat es mir erzählt."

„Aus welchem Grund hat er es dir erzählt?"

„Das weiß ich selbst nicht genau", antwortete Aro. „Vielleicht, weil er mich gern hatte. Er war damals wie ein Vater zu mir und ich habe viel von ihm gelernt, nachdem mein eigener Vater den Clan verlassen hatte. Ich habe nie viele Freunde im Clan gehabt, und er hielt es wohl für nötig, mich vor Raak zu warnen."

„Und warum erzählst du es nun mir?"

„Auch ich will dich vor Raak warnen", erklärte Aro.

„Raak ist ein alter Mann. Niemand fürchtet sich vor Raak", wandte Jali ein.

„Niemand, denn niemand im Clan kennt diese Geschichte. Raak ahnt nichts davon, dass ich davon weiß. Und das ist gut so."

„Und nun weiß auch ich davon."

„Und auch das ist gut so", sagte Aro und kramte in seiner Tasche, „denn du solltest nicht den Fehler machen und Raak unterschätzen. Er ist immer noch ein gefährlicher Mann."

Durchlochter Bärenzahn aus der Bocksteinhöhle

Nach kurzem Suchen kramte Aro zwei riesige, an der Zahnwurzel durchbohrte Reißzähne eines Bären hervor. Er reichte sie Jali und dieser besah sich die Zähne ehrfurchtsvoll. Noch nie hatte er solch große Reißzähne eines Bären gesehen.
„Gorun hat sie mir gegeben. Es sind die Zähne des Bären, der ihn getötet hat. Ich gebe sie nun an dich weiter."
Verdutzt fragte Jali: „Warum gibst du sie mir?"
„Ich brauche sie nicht mehr. Aber das wirst du erst später verstehen", sagte Aro. Noch einmal blickte er zu Goruns Platz, und ohne ein weiteres Wort ging er weiter.
Einen Moment lang blieb Jali stehen und dachte über das Gesagte nach. Er schaute auf die Bärenzähne in seiner Hand, steckte sie in seine Tasche und setzte ebenfalls seinen Weg fort.

Gegen Abend sammelten sie dürre Zweige und suchten sich einen Platz für die Nacht. Sobald die wärmende Sonne vom Himmel verschwunden war, wurde es kalt. Sie verbrachten die Nacht, leidlich vor dem Wind geschützt, im Schutz eines Felsüberhangs.
Aro entfachte ein Feuer und Jali betrachtete voller Sorge ihre spärlichen Essensvorräte.
„Es wird sich alles ergeben. Du wirst sehen", beantwortete Aro Jalis ungestellte Frage.
Nach dem spärlichen Essen wollte Jali noch nicht schlafen. Viel zu sehr beschäftigten ihn seine Fragen.
„Sind wir wirklich nur auf der Suche nach den Mammuts?"
„Nicht nur", antwortete Aro. „Vielleicht finden wir auch etwas ganz anderes. Wir halten die Augen offen und wir werden sehen!"
„Ich weiß nicht viel von dir", stellte Jali fest. „Die Menschen reden viel über dich, aber ich glaube, dass nicht sehr viel davon wahr ist."
Aro lächelte.

„Ich will dir etwas über mich erzählen." Er schob ein Stück Holz, dass etwas abseits lag, zurück ins Feuer. Glühend tanzten die Funken in den Nachthimmel hinein und beide blickten den langsam erlöschenden Punkten nach.

„Ich bin ein Außenseiter seit meiner Kindheit. Aber noch nie habe ich etwas Unrechtes getan, das kannst du mir glauben. Im Gegenteil, ich erfülle einen wichtigen Beitrag zum Überleben des Clans. Ich bin ein guter Fährtenleser, die Jäger können nicht auf mich verzichten. Aus diesem Grund wagte es bisher niemand, seine Hand gegen mich zu erheben."

Er schwieg nachdenklich. Jali wusste, was ihn gerade beschäftigte – es war der Vorfall mit Bilg. Aber Jali schwieg, denn er wollte Aro in diesem Augenblick nicht stören.

„Ich kann mich nur schlecht an meinen leiblichen Vater erinnern, denn er hat mich schon verlassen, als ich noch ein kleiner Junge war. Danach wurde meine Mutter von einem anderen Mann als Frau genommen."

Jali konnte sich eine Frage nicht verkneifen: „Stimmt es, was sich die anderen von deinem Vater erzählen?"

„Das er zu den Erdmenschen gegangen ist? Ich weiß es nicht. Vielleicht hat ihn auch ein Löwe zerrissen oder er ist einfach verhungert."

Gedankenversunken starrte Aro in das Feuer.

„Als Kind habe ich meinen Vater sehr vermisst. Denn der Mann, der nach dem Verschwinden meines Vaters mit meiner Mutter zusammen gewesen war, hat mich kaum beachtet. Er hat mir nichts beigebracht. Er hat mir nicht gezeigt, wie man ein Steinmesser aus dem Hornstein schlägt und er hat mir nicht gezeigt, wie man Fallen stellt. Nur von Gorun habe ich damals gelernt."

Aro blickte Jali an und lächelte wieder. „Du fragst dich, warum ich dir das alles erzähle. Doch warte. Es erklärt, warum du nun hier bist. Hör mir zu: Noch schlimmer wurde es für mich, als

mein neuer Vater und meine Mutter zusammen Kinder hatten, denn nun hatte auch meine Mutter nur noch wenig Zeit für mich. So bin ich es schon von früher Kindheit an gewohnt einsam zu sein, und obwohl ich diese Einsamkeit anfänglich hasste, begann ich sie später zu schätzen.
Ich wurde zum Einzelgänger und entfernte mich oft tagelang vom Lager. Niemand wusste damals, was ich tat. Es interessierte auch niemand. Irgendwann, so vermuteten die Erwachsenen wohl, würde ich von einem Bären oder Löwen getötet. Doch nichts dergleichen geschah.
Ich weiß bis heute nicht warum, aber in jener Zeit geschah etwas Sonderbares. Ich lernte die Anwesenheit eines Tieres schon aus weiter Ferne zu fühlen."
Jali sah ihn erstaunt an. Doch Aro achtete nicht darauf.
„So konnte ich den Tieren schon als Kind aus dem Weg gehen. Zuerst war dieses Gefühl unbewusst. Aber nach und nach lernte ich diese Fähigkeit immer mehr auszubilden. Später, in Zeiten großen Nahrungsmangels, nutzte ich dieses Gespür, um den Jägern den Weg zu ihren Beutetieren zu weisen. Und deswegen begleitest du mich. Ich will versuchen, es dich auch zu lehren."
„Wie?", fragte Jali verblüfft. Und sogleich folgte seine zweite Frage: „Warum?"
„Warum?", wiederholte Aro und kratzte sich nachdenklich am Kopf. „Weil dieses Wissen nicht verloren gehen darf. Weil der Clan nicht untergehen darf."
„Dir liegt noch etwas an den Menschen des Clans, nachdem sie dich so behandelt haben?"
„Natürlich", stellte Aro fest. „Ihnen verdanke ich trotz allem mein Leben. Es sind meine Leute."
Aro griff nach einem kleinen Ast und stocherte damit im Feuer herum. Der Wind drehte und wehte den Rauch in sein Gesicht. Er lehnte sich zurück und kniff seine Augen zusammen.

„Deine erste Frage, die Frage nach dem wie, ist weit schwieriger zu beantworten. Das Lernen wird nicht einfach sein, und vor allem wird es nicht schnell gehen. Wir werden eine Weile unterwegs sein."
„Dann suchen wir überhaupt nicht nach einer Mammutherde!"
„Oft findet man etwas, was man gar nicht sucht", entgegnete Aro, „so war es auch mit mir und den Tieren. Sie drängten sich mir geradezu auf."
Er wickelte sich in sein Schlaffell und drehte sich zur Seite.
„Ich bin müde. Ich will schlafen."

Am nächsten Morgen erzählte Aro von den Tieren der Steppe. Er erzählte vom Mammut, von seinem zottigen langen Fell, von seinen riesigen, geschwungenen Stoßzähnen, von seinem langen Rüssel, den er wie eine Hand benutzte.
Er malte Jali das Bild des Nashorns mit einem Stück Holz in die Asche des Feuers. Vor dem Nashorn hatten die Menschen besonderen Respekt. Vor allem die alten Nashornbullen, die als Einzelgänger lebten, waren bösartig und reizbar. Nashornbullen, erklärte Aro, ging man am besten aus dem Weg.
Im Frühjahr, wenn die Nashornweibchen ihre Jungen bekamen und geschwächt waren, wurde manchmal auf sie Jagd gemacht. Dabei reizten die Männer das Weibchen und lockten es von seinem Jungen weg, das dann getötet wurde.
„Das Nashorn mag gefährlich sein", sagte Aro mahnend, „aber noch viel gefährlicher ist der Mensch."
Aro zeigte Jali, wie der Bär sich verhielt, indem er ihm einen Bären vorspielte. Dabei brummte er und wiegte seinen Kopf hin und her. Auch der Bär wurde von den Menschen wegen seines enormen Fettpolsters gejagt. Der Bär, erklärte Aro, schlief im Winter in einer Höhle. Ihn im Winterschlaf zu überraschen war die einzige Möglichkeit, ohne größere Gefahr auf ihn Jagd zu machen.

„Ich kenne nur einen Menschen, der einen Bären in der warmen Jahreszeit in seiner Höhle angegriffen hat“, bemerkte Aro.
„Gorun“, stellte Jali fest.
Nachdenklich nickte Aro mit dem Kopf.
Ein anderes Mal wieherte und stampfte Aro wie ein Pferd, um gleich darauf seine Arme auszubreiten und einen Hirsch nachzuahmen, der mit seinem großen Geweih versuchte einen Rivalen beim Kampf um eine Hirschkuh einzuschüchtern.
Oder Aro erschreckte Jali mit dem täuschend echten Geheul einer Hyäne, einem den Jägern besonders verhassten Tier. Schon manches Mal hatten die Jäger ein Tier mit einer Falle erbeutet. Aber wenn sie es nicht rechtzeitig entdeckten, wurde es von den Hyänen gefressen. Zurück blieben nur wenige Reste. Mit ihren kräftigen Gebissen brachen die Hyänen die Knochen ihrer Beute auf, um an das Mark zu kommen. Wenn die Hyänen über einen Kadaver herfielen, blieb fast nichts übrig, denn ihre Mägen konnten sogar Knochen verdauen. Auch die Hyänen, schilderte Aro, lebten in Höhlen. In der Nähe eines solchen Hyänenhorstes stank es meist erbärmlich, da die Tiere oft halbverweste Kadaver mit in die Höhle schleppten.
„Hyänenweibchen sind größer und gefährlicher als die Männchen. Und sie fressen nicht nur Aas, sondern jagen auch wie die Wölfe im Rudel. Sie hetzen ihre Beute zu Tode.“
Aro erzählte Jali vom mächtigsten aller Tiere, vom Höhlenlöwen. Er sprach von der Kraft und der Schönheit dieses Tieres, wie es auf der Suche nach Beute durch die Täler streifte.
Die Menschen des Clans achteten den Löwen als ein ihnen ebenbürtiges Lebewesen. Denn die Löwen jagten dieselben Tiere wie die Menschen, und sie jagten wie die Menschen meist im Rudel. Ein Löwenrudel war sogar in etwa so groß wie der Menschenclan. Löwen waren wie die Menschen auf die Gemeinschaft mit ihresgleichen angewiesen, waren keine Einzelgänger wie etwa der

Bär. Die Löwen kümmerten sich gemeinsam um ihre Jungen und teilten das erbeutete Fleisch.
Gebannt hörte Jali Aros Schilderungen zu.
„Woher weißt du so viel über die Tiere? Du bist doch kein Jäger“, wollte er wissen.
„Ich beobachte die Tiere. Oft sitze ich versteckt hinter einem Fels und schaue ihnen zu. Das ist sehr wichtig für mich. Ich versetzte mich in Gedanken in ein Tier, ich fühle wie ein Tier, und oft ging ich schon wiehernd oder brummend zum Lager zurück.“
Jali musste bei dieser Vorstellung lachen. Doch plötzlich hielt er inne und sagte traurig: „Ich werde es nie lernen. Ich fühle nichts.“
Aro lächelte. Er verstand die Ungeduld des Jungen. Doch ein wichtiger Teil des Lernens bestand darin, das Lernen nicht mit Ungeduld anzugehen. Doch diese Erkenntnis war nicht mit Worten zu vermitteln.
„Bring mir einen schwarzen Kieselstein vom Flussufer.“
Jali verstand nicht, was ein schwarzer Stein mit der Fährte des Wildes zu tun hatte. Aber er gehorchte. Er rannte zum Fluss und suchte einen schwarzen Stein. Einen solchen Stein zu finden war gar nicht so einfach, denn schwarze Steine waren selten. Darauf hatte er noch nie geachtet. Nach einiger Zeit hatte er einen Stein gefunden und brachte ihn zu Aro. Zu seinem Erstaunen sagte dieser:
„Das hätte jeder gekonnt. Das Offensichtliche sehen alle. Du musst lernen mit anderen Augen zu sehen. Komm her.“
Als Jali zu Aro trat, nahm dieser eine Lederbinde und band sie ihm um die Augen.
„Nun geh noch einmal und bringe mir einen schwarzen Stein.“
Jali war verwirrt.
„Wie soll ich dir einen Stein bringen? Ich sehe doch nichts! Ich finde nicht einmal den Weg zum Fluss!“

Aro lachte und sagte: „Lass dir Zeit. Erfühle mit deinen Füßen die Beschaffenheit des Bodens. Und höre! Höre das Flüstern des Wassers, es leitet dich. Nutze die Gelegenheit und achte auch auf andere Dinge, die sich dir, blind wie du nun bist, aufdrängen: Wie schmeckt die Luft, die du atmest? Achte auf die Laute der Vögel. Ich warte hier auf dich."

Mit einem leichten Schubs forderte Aro Jali zum Gehen auf.

Auf seinem Weg strauchelte Jali mehrmals und fiel hin. Aber er war beharrlich und fand schließlich bis zum Fluss. Vorsichtig tastete er mit seiner Hand nach den Steinen, aber es war völlig unmöglich für ihn, die Farbe eines Steines mit seinen Fingern zu erspüren. Entmutigt riss er sich nach einiger Zeit die Binde von den Augen und kehrte zu Aro zurück. Trotzig sagte er:

„Du verlangst Unmögliches von mir. Niemand kann die Farbe eines Steines mit seinen Fingern ertasten."

Aros Blick wurde ernst.

„Du solltest nicht so voreilig sein. Verbinde mir die Augen."

Jali nahm die Lederbinde und band sie Aro um den Kopf. Sie gingen zum Fluss. Dabei ging Aro wie selbstverständlich voraus und fand ohne einen Fehltritt den Weg. Am Flussufer kniete er sich nieder und ließ seine Hände über die Steine gleiten.

Er streichelt sie so sanft, wie Mutter manchmal Vater streichelt, dachte Jali, als er ihn beobachtete. Und mit einem Mal hob Aro einen schwarzen Stein aus dem Wasser und reichte ihn Jali. „Wie hast du das nur gemacht?", fragte Jali und starrte verblüfft den schwarzen Stein in Aros Handfläche an.

„Es gibt Dinge, die sich nur schwer erklären lassen. Nimm den Stein und trage ihn in den nächsten Tagen bei dir. Freunde dich mit ihm an. Beschäftige dich mit ihm, wann immer du Zeit für ihn findest."

Nachdenklich betrachtete Jali noch eine Weile den Stein in seiner Hand, bevor er ihn in seine Tasche gleiten ließ. Aber gleich danach holte er ihn wieder heraus. Er würde ihn während ihres Marsches immer in der Hand behalten. Er würde tun, was Aro von ihm verlangte. Denn er hatte gesehen, dass es möglich war.

❋

„Hüte dich vor dem Einen, der scharfe Waffen hat", sagte seine Mutter zu ihm. Er spitzte seine kurzen Ohren und lauschte – wenn seine Mutter in diesem Ton zu ihm sprach, meinte sie es ernst.

„Du darfst ihm nicht zu nahe kommen. Denn sonst wird er dich töten!"

Seine Mutter blickte ins Tal hinab, wo sich eine Gruppe Menschen am Fluss aufhielt. Einer der Menschen überragte die anderen und blickte zu ihnen herüber.

Er begriff nicht und fragte:

„Aber ich bin doch einer von ihnen, warum soll ich mich von ihnen fernhalten?"

Sie leckte ihm mit ihrer großen, rauen Zunge zärtlich sein Fell und erklärte:

„Schau dich doch an: Haben sie ein so weiches Fell wie du?"

Erstaunt blickte er an sich hinab und sah sein goldbraunes Fell. Wie war das nur möglich?

„Du bist keiner von ihnen", wiederholte seine Mutter. „Und ihre Waffen sind scharf, schärfer als unsere Zähne. Halte dich fern von ihnen."

„Was ist los mit dir?", fragte Aro, der sich darüber wunderte, dass Jali im Schlaf sprach. Jali erwachte, erschrak und starrte Aro mit großen Augen an. Langsam begriff er. Er hatte geträumt.

„Erzähl mir deinen Traum", sagte Aro, als ob er die Gedanken Jalis lesen konnte.

„Ich kenne diese Art von Träumen", sagte Aro, nachdem er Jali aufmerksam zugehört hatte. „Sie werden umso stärker, je schwächer der Körper ist. Das weiß ich aus eigener Erfahrung. Du hast in den letzten Tagen wenig geschlafen und wenig gegessen. Du hattest keine Kraft mehr, dich gegen diesen Traum zu wehren. So ist er gekommen und hat dich überwältigt."
„Was hat er zu bedeuten?", wollte Jali wissen.
Aro schwieg. Er überlegte.
„Der Geist des Löwen ruft dich. Er ist ein mächtiger Geist."
Jali ließ den Stein, den er in der letzten Zeit immer in seiner Hand getragen hatte, zu Boden fallen. Geistesabwesend griff er nach dem Stein und hob ihn auf. Er fand ihn unter vielen anderen ohne hinzublicken.

Das gedörrte Fleisch und die getrockneten Beeren gingen bereits zur Neige, als sie am dritten Tag ihrer Wanderschaft Zeugen einer merkwürdigen Szene wurden. Sie überstiegen gerade einen Felsgrat oberhalb eines kleinen Tales, als Aro Jali anwies, sich zu verstecken.
„Dort unten steht eine Nashornkuh mit ihrem Jungen", sagte er und deutete auf eine Talsenke, in der einige Bäume standen. „Sie verbirgt sich, denn sie hat ihr Kalb erst vor kurzem geboren."
Neugierig blickte Jali in die Senke hinunter und auch er sah nun das Nashorn zwischen den Bäumen stehen. Er hatte Angst vor dem gefährlichen Tier und blickte fragend zu Aro.
„Wir sind noch viel zu weit entfernt von ihr. Sie kann uns nicht sehen." Prüfend hob er seinen Kopf und fuhr fort. „Sie kann uns auch nicht wittern. Der Wind kommt aus ihrer Richtung. Von der Kuh geht keine Gefahr aus."
Erleichtert atmete Jali aus.

„Etwas anderes macht mir Sorgen“, sagte Aro und suchte aufmerksam die Umgebung mit seinen Blicken ab. Jali tat es im gleich, obwohl er nicht wusste, wonach Aro Ausschau hielt. Doch auf eine Antwort musste er nicht lange warten, denn in diesem Augenblick brach eine Löwin aus einem unscheinbaren Gebüsch hervor. Schnell und kraftvoll näherte sich die Löwin den Nashörnern. Ein gewaltiger Sprung und sie war auf dem Rücken des kleinen Kalbs. Die Löwin bohrte dem Tier ihre tödlichen Reißzähne in den Hals, das Kalb strauchelte und fiel. Die Haut des Jungtiers war noch nicht so zäh wie die eines ausgewachsenen Nashorns, die Reißzähne der Löwin drangen tief in das Fleisch ein und durchtrennten die Halsschlagader. Doch die Löwin hatte kein leichtes Spiel, denn die Mutter des angefallenen Jungtiers eilte sofort herbei. Die Löwin ließ von ihrer schwer verwundeten Beute ab und wich der wütenden Nashornkuh aus. Doch die Kuh war schneller und wendiger als es ihre Masse erwarten ließ. Mit einer Drehung ihres Kopfes bekam sie die Löwin vor ihr gewaltiges Horn und schleuderte sie durch die Luft. Benommen blieb die Löwin im Schnee liegen. In einem zweiten Anlauf stürmte die Mutter heran, und hätte die Löwin sich nicht aufgerappelt und davongemacht, es wäre ihr sicherer Tod gewesen. Schwer verletzt taumelte sie durch den Schnee und hinterließ eine Blutspur.

Das Nashornkalb war tot. Doch seine Mutter wollte sich nicht von ihm trennen. Noch einige Zeit stand sie bei ihrem regungslos im Schnee liegenden Jungen und trauerte. Als sie schließlich abzog, saßen Aro und Jali noch immer frierend und hungrig oberhalb der Senke und beobachteten die Szene.

„Die Löwin und die Nashornkuh kehren nicht zurück. Wir sollten uns das Fleisch holen“, brach Aro das Schweigen.

Mit ihren Feuersteinmessern schnitten sie Fleischstücke aus dem Nashornleib heraus. Auch das größere der beiden Hörner des Tieres schnitten sie ab. Aro legte es zu Jalis Gepäck.

„Was soll ich damit?“, fragte Jali.
„Es ist deine erste Jagdtrophäe. Es wird dich immer an unsere erste Jagd erinnern.“
Jali packte das Horn nachdenklich ein.
„Du bist mit deinen Gedanken bei der Löwin“, bemerkte Aro.
„Die Löwin hat uns das Nashorn geschenkt“, entgegnete Jali. „Ob sie wohl überlebt?“
„Vielleicht wird sie sterben“, erwiderte Aro. „Aber wir dürfen sie nicht unterschätzen. Möglicherweise ist sie noch in der Nähe. Möglicherweise war sie auch nicht allein unterwegs. Umherziehende Löwinnen jagen meist zu dritt oder zu viert. Aber selbst wenn die Löwin allein unterwegs war – ein verletztes Tier ist unberechenbar.“
Jali horchte in sich hinein. Mit einem Mal glaubte er die Verletzung der Löwin am eigenen Körper zu spüren. Er hob seine Felljacke und deutete auf eine Stelle zwischen seinen Rippen.
„Ich fühle die Schmerzen der Löwin, hier. Ich weiß, sie kämpft mit dem Tod. Lass uns die Löwin suchen.“
Aro überlegte. Was hatte der Junge gerade gesagt? War dies möglich? Schließlich sagte er:
„Es ist gefährlich, aber wir werden uns auf die Suche nach ihr machen. Denn es ist wichtig für dich.“ Er überlegte kurz und fuhr fort: „Die Sonne geht bereits unter. Wir sollten schlafen. Mit den ersten Sonnenstrahlen ziehen wir los.“
Am nächsten Morgen packten sie ihre Sachen und nahmen die Spur der Löwin auf. Es war nicht sonderlich schwer ihr zu folgen, denn sie blutete stark.

Schon aus großer Entfernung erkannten sie einen dunklen Höhleneingang im weißen Fels am gegenüberliegenden Hang des Tales. Mit seinem Finger deutete Aro auf das schwarze Loch.
„Die Löwin hat sich in die Höhle zurückgezogen. Und ich spüre

noch etwas anderes. Dieser Ort ist ein ganz besonderer Ort."
Jali konnte damit nichts anfangen.
„Ich kann es nicht erklären. Vielleicht spürst du bald selbst, was ich damit meine", ergänzte Aro.

Die beiden gingen zielstrebig auf die Höhle zu. In Sichtweite des Eingangs angekommen, verlangsamten sie ihre Schritte und schlichen lautlos auf den Höhlenvorplatz. Sie gingen in Deckung und lauschten. Nichts. Kein Laut. Aro wies mit seiner Hand auf den Höhleneingang und flüsterte:
„Was wir hier tun, ist sehr gefährlich."
Jali fuhr sich mit seiner flachen Hand über seine Rippen. „Ich fühle nichts mehr. Sie ist tot."
Aro nickte. Wenn die Löwin noch lebte, war es ihr sicheres Ende. Doch er vertraute Jali. Sie ließen ihr Gepäck auf dem Vorplatz zurück und betraten das Halbdunkel der Höhle. Hier fanden sie neben den Spuren der Löwin auch die noch nicht sehr alten Spuren von drei Männern.
„Das müssen Bilg, Zedeg und dein Vater auf der Suche nach Noors Mörder gewesen sein. Schau", Aro deutete auf die Spuren um eine alte Feuerstelle, „hier haben sie die Feuerstelle untersucht. Und hier haben sie wohl auch das grob behauene Hornsteinmesser gefunden, das sie damals mit ins Lager gebracht haben."
Sie begaben sich noch tiefer in das Innere der Höhle. Nach etlichen Schritten verengte sich der Höhlengang und Aro streckte seinen Kopf vorsichtig durch einen Spalt. „Hier geht es weiter."
Jali deutete auf die Spuren am Höhlenboden.
„Bilg, Zedeg und Vater sind hier nicht weiter gegangen. Aber wir können nicht umkehren. Komm." Zielstrebig ging er voraus.
Sie mussten sich tief bücken und schlüpften wie durch den Eingang eines Zeltes durch eine Verengung im Fels. Als Jali zurückblickte, sah er nur noch schwach das Tageslicht vom Eingang

her hereinschimmern. Sie blieben in der Dunkelheit stehen und lauschten.
„Die Höhle geht tiefer in den Fels hinein als ich dachte“, sagte Aro. „Wir brauchen Licht.“
„Licht“, wiederholte Jali. Die Dunkelheit beunruhigte ihn, aber der Gedanke an die Helligkeit des Feuers hob seine Stimmung. Er griff in den kleinen Lederbeutel an seiner Seite und holte etwas Mammutfett und einen flachen Stein heraus. Er gab das Fett in eine Ausbuchtung des Steins und steckte einen Lederstreifen als Docht hinein.
Aro hatte am Morgen ein glühendes Holzkohlestück in ein Gefäß aus Birkenrinde gelegt und mitgenommen. Damit entzündeten sie den Docht.
Sofort wurde die Höhle durch das Licht der kleinen Flamme erhellt. Aber das Licht in seiner Hand hatte nicht die erhoffte beruhigende Wirkung auf Jali. Im flackernden Lichtschein huschten die Schatten wie lebendige Wesen an den Felswänden auf und ab. Und vor ihnen verlor sich ein steiniger Weg in der Dunkelheit.
„Irgendwo dort liegt die Löwin“, sagte Jali und ging weiter. Ein schmaler Gang, etwa einen Schritt breit und drei Schritte hoch, führte sie leicht bergan. Sorgsam achteten die beiden auf die Spuren der Löwin.
Nach vielen weiteren Schritten weitete sich der schmale Gang plötzlich zu einer großen Halle. Sprachlos blieben sie stehen und starrten in die Dunkelheit. Selbst im Schein der Fackel konnten sie die Höhlendecke nur erahnen, so groß war die Halle. Von der Decke hingen große Tropfsteine herab, sie glitzerten und funkelten im Lichtschein wie Sterne in der Nacht. Manche waren schon so alt, dass sie sich mit ihrem Gegenüber, das ihnen vom Höhlenboden entgegen gewachsen war, auf halber Strecke trafen.
Überall lagen mächtige, anscheinend von der Decke gestürzte Felsbrocken herum.

Und zwischen diesen Felsbrocken lag die Löwin. Jali entdeckte sie zuerst. „Dort ist sie“, sagte er und ging ohne Furcht auf sie zu. Und tatsächlich, die Löwin war tot.
Schweigend standen sie bei dem toten Tier. Die ganze Anspannung fiel von ihnen ab und ruhig atmeten sie in der Dunkelheit. Da machte Jali plötzlich eine seltsame Entdeckung.

*

Seit Tagen warteten alle auf die Rückkehr von Aro und Jali. Welche Nachricht würden sie bringen? Die Waffen waren längst instand gesetzt, es gab nur wenig zu tun. Da sich niemand zu weit vom Lager entfernen wollte, jagten die Männer Kleintiere in der näheren Umgebung des Lagers.
Im Zelt war es ruhig, drei Frauen saßen schweigend auf den Fellen und fertigten aus allerlei Rohmaterial Schmuck. Eine der Frauen, es war Bilgs Gefährtin Roda, hatte einen Wildpferdschneidezahn auf ihren Oberschenkel gelegt. Sie war gerade dabei, ihn mit einem kleinen Hornsteinmeißel von zwei Seiten her zu durchbohren.

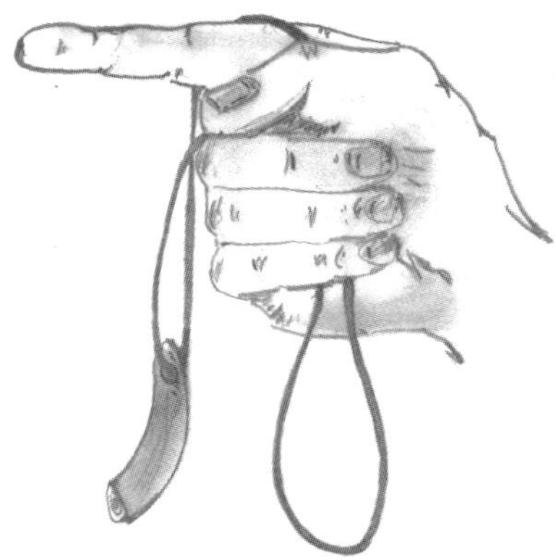

Durchlochter Zahn eines Wildpferdes aus der Bärenhöhle im Hohlenstein

Als sie damit fertig war, hob Roda das Stück in die Höhe und begutachtete es. Rodas Freundin Kus besah sich das Stück ebenfalls, zwinkerte und deutete auf die Bohrung:

„Die Löcher treffen sich nicht genau. Du hast schlechte Augen."
Roda lachte und erwiderte:
„Mit meinen Augen ist alles in Ordnung. Sie sehen mehr als du denkst!"
Bei diesen Worten beugte sie sich vor und zwickte Kus in den Hintern. Als diese kicherte, fuhr Roda im Flüsterton fort:
„Du hast noch immer keinen Mann gefunden. Dein Fleisch wird nicht ewig so fest und straff sein. Wenn es beim nächsten Frühlingsfest nichts wird, dann wirst du noch den alten Raak als Gefährten nehmen müssen." Bei diesen Worten nahm sie einen langen Flusskiesel in die Hand, den die Männer zum Schärfen ihrer Hornsteinwaffen benutzten. Der Kiesel sah einem männlichen Phallus verblüffend ähnlich, und Roda schlug ihn klatschend in ihre freie Hand.
Kus kniff ihre Augen zusammen und überlegte lange, ob sie die nächsten Worte sprechen sollte. Schließlich beugte sie sich vor und sprach, ebenfalls im Flüsterton.
„Ich klebe nicht wie ihr immer an denselben Männern!"
Sofort hielten die anderen zwei Frauen mit ihrer Arbeit inne und starrten Kus fassungslos an. „...hast du auch mit Bilg...?", fragte Roda nach einiger Zeit unsicher.
Kus lachte. „Nein. Aber beim letzten Frühlingsfest bin ich mit zwei anderen Männern unter das Fell gekrochen. Sie waren ganz wild darauf."
Roda riss die Augen auf und war einen Moment lang sprachlos. Dann fragte sie ungläubig: „Mit zwei Männern... gleichzeitig?"
Kus musste erneut lachen. Als sie sich wieder beruhigt hatte, antwortete sie: „Nein. Nicht mit zwei Männern gleichzeitig. Nacheinander."
Roda war beruhigt. Was andere Männer taten ging sie nichts an. Und Kus, sollte sie ihren Spaß haben.
Als Roda einen Lederriemen durch den Wildpferdzahn zog und diesen anschließend um den Hals band, sagte Kus:

„Beim großen Treffen im Frühjahr wirst du damit gut aussehen. Aber es wird dir nichts nützen. Wenn ein Mann dir nachschaut, wird Bilg ihn zum Kampf herausfordern."
Wieder lachten die Frauen. Bilg war im Clan wegen seiner Eifersucht unter den Männern gefürchtet.
„Ja", erwiderte Roda und lächelte.
„So liebe ich ihn."

Im Frühjahr, wenn die Kälte nachließ und der Winter zu Ende ging, trafen sich die drei Clans zum Frühlingsfest. Die lange Zeit des Mangels ging mit diesem Fest zu Ende, die kurze Zeit des Überflusses begann mit einer gemeinsamen Jagd der Clans.
Jalis Clan, der Clan der Jäger, lebte in der wildreichen Gegend der kleinen Täler. Der Clan der Sumpfmenschen lebte im Süden an den Ufern der großen Seen. Dieser Clan hatte sich darauf spezialisiert, das Großwild in die Sümpfe zu treiben, wo es dann getötet wurde oder einfach verendete. Diese Art der Jagd war nicht weniger gefährlich als der offene Kampf, denn auch die Jäger mussten sich zum Zerlegen des Wildes in die Sümpfe begeben.
Der Clan der Fallensteller lebte im Nordwesten in den weiten Tälern der großen Flüsse. Die Menschen dieses Clans hoben große Gruben aus, die sie mit Zweigen, Rinde und Erde tarnten. Von ihnen wurde erzählt, dass sie selbst das Mammut in solchen Gruben fingen. Aber sie beherrschten auch den Fang von Pelztieren bis hin zur Größe eines Bären mit Schlagfallen, Huftieren setzten sie mit Schlingen nach.
Die Clans trafen sich seit unerdenklichen Zeiten im Frühjahr am Feuerberg, einem Berg am Rande des ewigen Eises. Der Berg hatte seinen Namen von dem Feuer, das von den Menschen dort entzündet wurde, um die Kälte des Winters zu vertreiben.
Weit konnte man vom Ort des Frühlingsfestes nach Süden blicken, an schönen Tagen sah man bis in die Gegend des ewigen

Eises. Dort, so wussten die Menschen, herrschten unablässig Kälte und Tod.
Nur Raak war als junger Mann schon einmal bei den Bergen aus Eis gewesen. Die Geschichte von der Jagd, die ihn bis an den Rand des ewigen Eises geführt hatte, erzählte Raak nicht nur während des Frühlingsfestes gerne. Denn die Menschen hingen bei dieser Geschichte mit einer Mischung aus Angst und Bewunderung an seinen Lippen. Die Jäger waren damals, so erzählte Raak, bei der Verfolgung eines von ihnen verletzten Mammuts bis in die Gletscherregion vorgedrungen. Staunend hatten die Jäger eine riesige Wand aus Eis gesehen, höher als die Länge von drei ausgewachsenen Bäumen. Das blauweiße Eis hatte eine gewaltige Kälte abgestrahlt, die durch ihre Kleider hindurch bis auf ihre Haut gedrungen war. Hier war das Ende ihrer Welt, hier herrschte nach dem Ermessen der Jäger nur noch der Tod.
Seit der Zeit, als die Vorfahren der Menschen in dieses Land gekommen waren und sich, wie es in den Geschichten hieß, in drei Clans aufgeteilt hatten, erinnerte das große Treffen am Rande des ewigen Eises an ihre gemeinsamen Wurzeln.
Neben den verschiedenen Jagdmethoden unterschieden sich die Clans in vielen kleinen Dingen. Die Menschen kleideten sich unterschiedlich, trugen unterschiedlichen Schmuck und fertigten auch unterschiedliche Waffen. Jeder Clan war dabei stolz auf eine ganz besondere Fertigkeit, die als besonderes Kennzeichen auch sehr gepflegt wurde. Man gehörte zwar dem gleichen Stamm an, aber jeder Clan wollte sich hervorheben.
Die Menschen vom Clan der Fallensteller waren bekannt für ihre aus Elfenbein gefertigten Schmuckstücke, der Clan der Sumpfmenschen war bekannt für seine fein gearbeiteten Waffen. Und Jalis Clan, der Clan der Jäger, war für seine sauber verarbeiteten Felle und die daraus gefertigten Kleider bekannt. Diese Clanerzeugnisse waren während des Frühlingsfestes begehrte Tauschobjekte.

Während des Festes erzählten sich die Menschen allerlei Geschichten und Begebenheiten aus dem vergangenen Winter, alte Bekanntschaften wurden aufgefrischt und neue Freunde wurden gefunden. Die in den verschiedenen Clans lebenden Verwandten einer Sippe trafen sich wieder und informierten sich über Geburten und Todesfälle in ihrer Verwandtschaft. Denn nicht selten kam es vor, dass sich beim großen Treffen ein Mann und eine Frau aus zwei verschiedenen Clans kennen lernten und beieinander bleiben wollten. Dies war sogar erwünscht, denn so kam frisches Blut in den Clan. Die Frau wechselte in den Clan des Mannes und sah ihre Verwandten fortan nur noch in den Tagen des Frühlingsfestes.
Eine Regel galt es beim Wechsel in einen anderen Clan allerdings zu beachten. Wollte eine Frau im Clan ihres zukünftigen Gefährten leben, so musste vom Clan des Mannes ein gleichwertiger Ersatz für die Frau gegeben werden. Oft ergab sich dies von selbst, wenn sich beim gleichen Fest ein anderes Paar fand. Eine Frau verließ den Clan und wurde durch eine andere Frau ersetzt. War dies nicht der Fall, so musste eine andere Frau als Ersatz für die neue Gefährtin weggegeben werden. Wurde kein gleichwertiger Ersatz gefunden, so musste sich das Paar bis zum nächsten Clantreffen gedulden. Aber oft war die Liebe bis dahin schon verflogen.

❋

Aro brach das Schweigen, seine Stimme klang seltsam klar.
„Das ist ein ganz besonderer Ort. Ich habe es dir ja gesagt."
„Was ist das?", fragte Jali und deutete auf den schlammigen Höhlenboden vor ihm.
Aro ging in die Knie und besah sich den Knochen genauer.
„Es ist der Schädel eines Menschen. Der Schädel eines Erdmenschen."

Jali spürte, wie sich seine Nackenhaare aufstellten.
„Was macht der Schädel hier?"
„Ich weiß es nicht", antwortete Aro. „Aber schau her." Er nahm Jali die Kerze aus der Hand und beleuchtete den Höhlenboden. „Hier sind die Spuren einer Hyäne. Vielleicht wurde der Erdmensch von einer Hyäne hier hereingeschleppt."
„Wir müssen ihn begraben", sagte Jali. „Die Knochen eines Menschen sollten nicht in einer Höhle liegen."
„Die Knochen hier stammen nicht von einem Menschen unseres Clans", erwiderte Aro. „Diese Menschen sind nicht an unsere Bräuche gebunden."
„Alle Menschen sind an diese Bräuche gebunden", sagte Jali.
„Nein. Die Erdmenschen nicht", entgegnete Aro bestimmt. „Die Erdmenschen trennen sich auf eine andere Weise von ihren Toten. Kennst du die Geschichten über ihre Bräuche nicht? Sie wollen die Erde nicht mit ihren leblosen Körpern beschmutzen und legen sie deshalb für die Aasfresser aus."

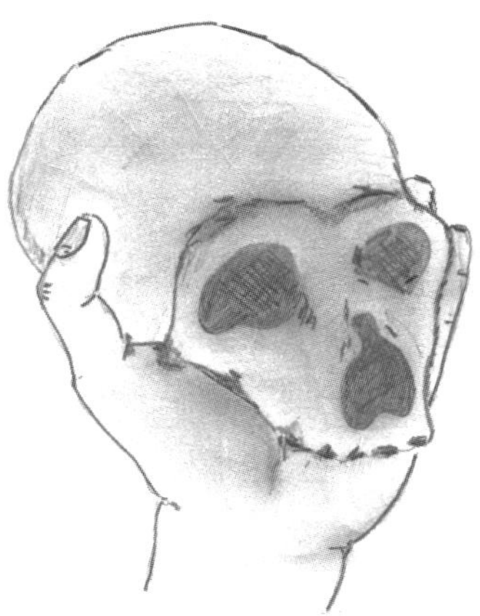

Schädel eines Neandertalers

„Das ist ekelhaft", bemerkte Jali und griff nach dem Schädel.
„Er hat eine merkwürdige Form". Er strich mit seinem Finger entlang der stark ausgeprägten Knochenwülste über den Augen.
„Leg den Schädel zurück", sagte Aro. „Dies ist ein besonderer Ort. Wir dürfen die Erdmenschen nicht erzürnen. Und auch nicht ihre Geister. Denn ihre Geister sind gegenwärtig. Spürst du sie nicht?"

Doch er wartete auf keine Antwort und fuhr in Gedanken versunken fort: „Die Haut, die unsere Welt von der Welt der Toten trennt, ist hier nur sehr dünn."
Und als ob er diese dünne Haut mit seinen Fingern bereits durchstoßen könnte, bewegte Aro seine Hand im Dunkel der Höhle auf und ab. Jali, der das alles nicht verstand, legte den Schädel wieder auf den Boden und holte Aro in die Wirklichkeit zurück.
„Was soll nun mit der Löwin geschehen?"
„Warte vor der Höhle auf mich. Ich weiß, was zu tun ist."
Der Ton, mit dem Aro die letzten Worte gesprochen hatte, duldete keinen Widerspruch. Jali ließ die Kerze zurück und tastete sich nach draußen.

Jali wartete. Es fiel Schnee. Er fror, aber er rührte sich nicht von der Stelle. Nach einiger Zeit sah er Aro aus der Höhle kommen. Was hatte er dort nur so lange gemacht?
Als Aro ans Licht trat, sah Jali, dass er den Kopf der Löwin mit einem armlangen Stück Fell daran über seine Schultern geworfen hatte.
„Sie ist für dich gestorben", sagte Aro und legte den Löwenkopf vor Jali auf den Boden, „aber sie hat nicht nur das Nashornkalb erlegt, sie wird noch viel mehr für dich tun. Ein Mann der solch eine Löwin zur Strecke bringt, gilt viel im Clan. Bilg wird sehen, dass es der Kopf einer starken, ausgewachsenen Löwin ist. Er wird dich in Zukunft mit Respekt behandeln."
Zweifelnd erwiderte Jali: „Aber ich habe die Löwin nicht erlegt."
„Das macht nichts. Erfinde eine Geschichte. Warum nicht? Es wird dir den Respekt der anderen einbringen. Glaubst du, die Jäger erzählen den Frauen immer die Wahrheit? Schon oft haben sie ein im Schnee verendetes Tier gefunden, und daheim am Feuer wurde daraus eine gefährliche Jagd!"

Jali blickte ihn ungläubig an. Er wollte widersprechen, unterdrückte aber seine zornigen Worte und sagte stattdessen: „Lass uns zurück zum Lager gehen. Wir sind schon viel zu lange fort."
„Nein", entgegnete Aro hart. „Unsere Wege trennen sich hier. Nur du gehst zurück zum Clan. Ich ziehe allein weiter."
„Allein?" Jali war entsetzt. „Wohin gehst du?"
„Ich will die Erdmenschen finden. Ich habe mein Leben dort verbracht, wo ich nicht hingehöre. Nun will ich nicht auch noch dort sterben. Ich weiß, die Erdmenschen sind irgendwo da draußen. Die Knochen in der Höhle stammen von einem von ihnen. Früher haben sie einmal hier gelebt. Ich will sie finden."
„Aber du bist einer von uns!" sagte Jali empört. „Wie kannst du glauben, einer von ihnen zu sein?"
„Du hast Recht. Ich gehöre weder zu ihnen noch zu euch. Aber das ändert nichts."
Jali erwiderte aufgebracht: „Du darfst nicht gehen. Wir brauchen dich. Ich brauche dich. Ich kann noch so viel von dir lernen."
Aro erwiderte ruhig, aber bestimmt: „Meine Entscheidung steht fest. Mit dem Clan kann ich nicht mehr leben. Und du bist nun so weit, dass ich dich allein zurückschicken kann."
Jali konnte es nicht verstehen. Aro milderte Jalis Verwirrung:
„Du wirst dem Clan in Zukunft eine große Hilfe sein", sagte Aro.
„Wie soll ich ihnen helfen?", fragte Jali sofort. „Sie werden nicht auf mich hören. Ich bin kein Jäger!"
„Vertraue auf deine Fähigkeiten. Lerne selbst weiter. Der Anfang ist gemacht, du bist auf dem richtigen Weg."
Er deutete auf das Fell der Löwin. „Und vergiss nicht: Du hast die Löwin erlegt. Sie werden dich achten und auf dich hören."
Jali ließ den Kopf hängen.

Sie trennten sich. Aro nahm seine Sachen und ging wortlos davon. Doch nach einigen Schritten drehte er sich noch einmal um und sagte: „Mach dir keine Sorgen. Du wirst es schaffen."

„Ich mache mir keine Sorgen um mich. Was wird mit dir geschehen?“
Aro lächelte. „Um mich brauchst du dich nicht zu kümmern. Ich bin alt und habe mein Leben schon gelebt.“ Damit drehte er sich um und ging weiter.

Noch lange stand Jali allein vor der Höhle, unfähig, sich auf den Weg zurück zu machen. Seine Gedanken kreisten um das in den letzten Tagen Erlebte.
Der Wind blies ihm ins Gesicht. Als er endlich benommen aufblickte, erwachend wie aus einem Traum, stand die Sonne schon tief am Horizont und färbte die dunklen Schneewolken von unten her glutrot. Die langsam niedersinkenden Schneeflocken erinnerten ihn daran, dass er noch kein Lager für die Nacht hatte. Er entschloss sich, die Nacht im Schutz der Höhle zu verbringen und sich erst am nächsten Morgen auf den Rückweg zu machen. Er legte seine Habseligkeiten und das Löwenfell, das er sorgfältig zusammenrollte, in einer Felsnische ab und suchte nach Brennmaterial.
Der Schnee ging über in Regen, aber der mächtige Felsüberhang über dem Eingang der Höhle schützte ihn vor der Nässe. Der Wind steigerte sich zu einem Sturm und schaukelte die vor dem Höhleneingang stehenden Bäume hin und her.
Es hörte sich an, als wollte der Wind in den ächzenden Bäumen ihm etwas zuflüstern. Er lauschte, aber er verstand die Worte nicht. Die Sprache des Windes in den Bäumen hatte Aro ihm nicht beigebracht. Es hätte noch so viel gegeben, was er von ihm hätte lernen können.

Er saß am Feuer und dachte nach. Er dachte an die Erdmenschen. Vor langer Zeit saßen auch sie hier wie er auf dem Vorplatz der Höhle. Sie hatten hier gelebt. Warum waren sie nicht mehr hier? Was würde mit Aro geschehen? Selbst wenn er die Erdmenschen finden würde – wie würden sie ihn aufnehmen? Seine Gedanken drehten sich auch um sein eigenes Schicksal: Würde er den Weg zurück finden? Würden die anderen seinen Worten Glauben schenken?

Die Anstrengungen der letzten Tage machten sich bemerkbar. Völlig erschöpft und am Ende seiner Kräfte schlief Jali ein. Trotz seiner Müdigkeit schlief er unruhig. Lange vor Sonnenaufgang lag er bereits wach und schon vor dem ersten Sonnenstrahl hatte er seine Sachen gepackt und marschierte los. Er wollte nun nur noch so schnell wie möglich zurück zum Lager des Clans.

❋

Aro war viele Tage lang durch das von einem scharfen Regenwind gepeitschte Land gegangen. Jetzt hatte er in einer kleinen Hütte, notdürftig und schnell aus ein paar Zweigen und Moos zusammengebaut, auf einer Felskuppe hoch über einem schmalen Tal Schutz gesucht.

Von hier oben konnte er das unter ihm liegende Tal gut einsehen. Das kam ihm sehr gelegen, denn schon seit Tagen spürte er die Gegenwart seiner rätselhaften Begleiter. Er hörte sie nicht und er sah sie nicht. Es mussten sehr geschickte Jäger sein. Sie verfolgten ihn in sicherer Entfernung.

Aro machte ein Feuer am Eingang seiner Hütte. Er befürchtete nicht, von seinen Verfolgern angegriffen zu werden, denn wenn sie ihn hätten angreifen wollen, hätten sie schon längst die Gelegenheit dazu gehabt.

Aro hatte genug vom Versteckspiel. Er wollte endlich Klarheit. Waren es die Erdmenschen, die ihn verfolgten? Noch in dieser Nacht wollte er es wissen!

Aro saß im Schein des Feuers und murmelte unverständliche Worte. Aus seinem Lederbeutel holte er eine Hand voll getrockneter Kräuter. Er zerrieb sie zwischen den Händen, legte seinen Kopf zurück und ließ die Kräuter von seiner Handfläche in seinen Mund rieseln.

Wieder murmelte er Worte und bewegte dabei seinen Kopf vor und zurück. Die leichten Bewegungen seines Kopfes erfassten seinen Oberkörper und wurden immer ausladender, so als ob er mit Schwung zu einem großen Sprung ansetzten würde. Und in einer der Bewegungen des Körpers riss sich Aros Geist von seinem Körper los und wurde aus der Höhle geschleudert. Noch in der ersten Vorwärtsbewegung formte sein Geist die Flügel einer Krähe und glitt ohne einen Flügelschlag aus der Höhle hinaus und weiter hinab ins Tal. Aufmerksam hielten die Augen des Vogels Ausschau nach jeder Bewegung am Erdboden.

Ja, dort war etwas, dort lagerten die Verfolger. Wie geschickt sie sich vor seinen Augen verbargen! Nur aus der Luft waren die vier Männer zu erkennen. Sie versteckten sich und ihr Feuer in einer etwa zwei Manneslängen tiefen Felsspalte.

Die Krähe ließ sich auf der Felskuppe am Rand des Lagerplatzes nieder. Einen Moment lang blickten die Fremden argwöhnisch zu dem Vogel hinauf, schenkten ihm danach aber keine Beachtung mehr.

Aufmerksam beobachtete die Krähe die Vorgänge in der Felsspalte. Die vier Männer hatten den Vogel längst vergessen. Sie saßen um ein kleines Feuer in ihrer Mitte. Ihre schweren Speere hatten sie griffbereit an die Felswand gelehnt. In dicke Felle gewickelt saßen sie auf Steinen und kauten mitgebrachtes Dörrfleisch. Hin und wieder wechselten sie dabei ein paar unverständliche Worte. Seltsam kehlig klang ihre Sprache. Die langen Haare waren am Hinterkopf zu einem Zopf zusammengebunden, dadurch war die fliehende Stirn der Männer erkennbar. Erdmenschen!

Die Krähe erkannte sie. Schon oft hatte Raak in seinen Geschichten das Aussehen der Erdmenschen beschrieben. Sie waren es! Die Krähe stieß einen Schrei aus und flatterte aufgeregt mit ihren Flügeln. Die Männer blickten auf. Einer der Männer nahm einen handlichen Stein und warf ihn in die Richtung des Vogels, verfehlte ihn aber.
Die Krähe erhob sich in die Luft und flog davon. Es war an der Zeit, sie musste zurück. Sie flog zurück in die Hütte.
Bewegungslos saß Aros Körper am Feuer, als er auf einmal zur Seite fiel. Er öffnete seine Augen und kam zu sich. Schwer atmend, wie nach einer großen Anstrengung, setzte er sich wieder auf. Erdmenschen, ich habe sie gefunden, schoss es ihm durch den Kopf. Aber wie sollte er sich ihnen nähern? Oder sollte er hier auf sie warten?

Leise unterhielten sich die Erdmenschen. Ihr Feuer hielten sie klein, sodass die Flammen ihren Schein nicht über die Felsmulde, in der sie saßen, hinauswarfen. Der Eindringling sollte sie nicht bemerken. Plötzlich hörten die vier das Gebrüll eines Bären. Es kam aus der Richtung, in der sich der fremde Mann, den sie verfolgten, verbarg. War der Fremde in Bedrängnis?
Fast gleichzeitig packten die vier ihre Speere und verschwanden in der Dunkelheit. Ihre Aufgabe war es, ihn auszukundschaften. Sie sollten herausfinden, ob noch mehr von den Fremden auf dem Weg in das Gebiet der Erdmenschen waren.

Die Erdmenschen verharrten einen Moment. Das Bärengebrüll war einer seltsamen Stille gewichen. Obwohl sie sich ganz in der Nähe des Fremden befanden, konnten sie keine Bärenspuren entdecken. Sie sahen die kleine Schutzhütte Aros. Sie blickten sich an und nickten sich zu. Vorsichtig traten sie aus ihrer Deckung. Die Erdmenschen waren verwirrt und hoben prüfend ihre Nasen. Normalerweise konnten sie einen Bären auf eine Entfernung von mindestens einer Speerwurflänge riechen. Aber sie rochen nur den Rauch eines Feuers, gemischt mit dem Geruch des fremden Mannes.

Und dort, ruhig in seiner Hütte sitzend, sahen sie nun den Fremden. Er erwartete sie und hatte seinen Speer zum Zeichen seiner Friedfertigkeit vor sich auf den Boden gelegt. Der Anführer der Erdmenschen ging langsam und drohend auf Aro zu. Kurz vor Aro blieb er stehen und blickte ihm in die Augen.

„Ich fürchte mich nicht", sagte Aro, obwohl er wusste, dass ihn die Erdmenschen nicht verstehen konnten. „Ich habe das Ziel, das ich mir gesteckt habe, erreicht. Mein Geist kann nun in das Land der Schatten hinabsinken und Frieden finden. Er muss nicht mehr von Unruhe getrieben umherirren, um zu ändern was nicht zu ändern ist. Denn es ist nun gut."

Der Anführer der Erdmenschen gab Laute von sich, aber Aro verstand deren Bedeutung nicht und blickte ihm nur in die braunen Augen. Der Anführer hob drohend seinen Speer. Aber Aro war unbeeindruckt und lächelte ihn an. Verunsichert blickte sich der Anführer der Erdmenschen nach seinen Begleitern um. Auch diese schienen ratlos zu sein. Sie hatten mit einem Kampf gerechnet.

Nach einer Zeit des Schweigens griff einer der Männer in seine Tasche und zog einen Lederriemen hervor. Mit fragendem Blick reichte er den Riemen dem Anführer, zögernd griff dieser zu. Aro wurde gefesselt, er leistete keine Gegenwehr.

*

Jali sah in der Ferne den Rauch eines Feuers aufsteigen. Es war ihm erstaunlich leicht gefallen, den Weg zurück zum Lager des Clans zu finden. Auf seinem Weg war ihm eine Herde Wisente

begegnet. Er würde zwar ohne Aro zurückkehren, aber trotz allem mit guten Nachrichten. Die Wisente würden eine gute Beute abgeben. Und sie würden auch noch in ein paar Tagen zu finden sein, denn sie bewegten sich nur langsam fort.
Auf einer kleinen Anhöhe in Sichtweite des Lagers blieb er stehen. Was ihm bisher zu langsam gegangen war, ging ihm jetzt auf einmal zu schnell. Er hörte die Schreie der spielenden Kinder. Dort unten waren sein Vater und seine Mutter. Dort unten waren Bilg und Zedeg. Dort unten waren auch all die anderen. Aber dort unten, sagte ihm sein Gefühl, war nicht mehr seine Heimat. Etwas hatte sich verändert. Hatte es etwas mit seinem Traum zu tun?
Er zögerte. Die wenigen Schritte zurück ins Lager fielen ihm schwer. Noch etwas anderes irritierte Jali: Er fühlte sich in seinen Traum versetz. Was hatte seine Löwenmutter zu ihm gesagt? Es fiel ihm nicht mehr ein, doch er wusste, es war wichtig.
Er drehte sich um und suchte mit seinen Blicken das Gelände ab. Doch er konnte nichts Ungewöhnliches erkennen. Plötzlich bogen sich die Zweige eines Gebüsches auseinander und ein Mann trat hervor.
„Was machst du hier?“, fragte Jali erstaunt.

Raak trat aus einem Gebüsch.
„Ich habe dich und Aro gesucht“, antwortete Raak. „Immer wieder streife ich durch die Täler rings um das Lager. Ich habe mir Sorgen um euch gemacht. Wie mir scheint, nicht zu Unrecht. Wo ist Aro?“
„Er ist allein weiter gezogen. Wir haben uns etwa drei Tage von hier vor einer großen Höhle getrennt. Er wollte nicht zum Clan zurückkehren. Er will die Erdmenschen finden.“
Raak nickte. „Ich kenne diese Höhle. Ich war vor vielen Jahren schon einmal dort. Was habt ihr dort gesucht?“

Jali hob die Augenbrauen. Was sollte er darauf antworten? Er schwieg.
„Diese Höhle ist kein guter Ort. Menschen sollten sich von ihr fernhalten“, zischte Raak ungehalten.
„Warum?“, fragte Jali und sah Raak in die Augen. Aber Raak hatte seine Augen auf einen fernen Punkt fixiert und atmete schwer. Jali versuchte den alten Mann einzuschätzen. War er noch immer gefährlich? – er konnte es sich nicht vorstellen.
Plötzlich fuhr Raak aus seinen Gedanken hoch und antwortete: „Das alles ist nicht mehr wichtig. Es ist Vergangenheit. Wir müssen an die Zukunft denken.“
„Wir sollten zurück ins Lager gehen“, ergänzte Jali.
„Ja. Deine Mutter hat schon viele Tränen vergossen. Du darfst sie nicht länger warten lassen.“
Aber Jali blieb stehen und sagte: „Es wird nicht wie früher sein.“ Nachdenklich blickte er hinunter auf das Lager im Tal. „Ich habe viel gelernt. Ich bin nicht mehr der Junge, der ich war. Wie werden die anderen es aufnehmen?“
„Du musst sehr behutsam vorgehen“, antwortete Raak. „Vor allem Bilg zu überzeugen wird nicht leicht sein“. Jali warf sein Gepäck auf den Boden. Raak deutete auf das Löwenfell und blickte erstaunt in Jalis Gesicht. Mit gespieltem Selbstbewusstsein sagte Jali:
„Ich habe die Löwin besiegt. Auch Bilg muss das anerkennen!“
Raak nickte zustimmend, aber sein Blick verriet Zweifel. Seine Augen funkelten.
Jali nahm sein Gepäck wieder auf und machte sich zusammen mit Raak auf den Weg ins Lager. Die Kinder bemerkten die beiden zuerst und kamen ihnen laut schreiend entgegen. Schon bald waren Jali und Raak von fragenden Menschen umringt. Als Jali sein Gepäckbündel auf den Boden warf und auseinanderrollte, wurde es still in der Runde. Selbst Bilg, der große Jäger, trat beim Anblick des Löwenschädels entsetzt einen Schritt zurück.

Gleich nach Jalis Ankunft im Lager fragten ihn die Jäger aus. Er berichtete ihnen, dass drei Tagesmärsche vom Lager entfernt eine Herde Wisente zu finden sei. Nachdem die Männer von den Tieren gehört hatten, wollten sie sich noch am gleichen Tag auf den Weg machen. Aber Jali war nach seinem langen Fußmarsch viel zu erschöpft, um sofort wieder aufzubrechen. So einigte man sich, erst am nächsten Morgen loszuziehen.

Jali legte sich früh auf sein Lager, konnte aber nach den ereignisreichen letzten Tagen keine Ruhe finden und hörte noch lange den Gesprächen der Jäger zu. Fast alle Gespräche drehten sich um die kommende Jagd, nur hin und wieder sprachen die Menschen von Aro.

Wie schnell sie doch vergessen, dachte Jali. Aro hat unter diesen Menschen sein ganzes Leben verbracht, und nach ein paar Tagen sprechen sie schon nicht mehr von ihm. Mit solchen Gedanken schlief er ein.

Kurz nach Sonnenaufgang wurde er von der Geschäftigkeit im Zelt geweckt. Die Jäger überprüften ein letztes Mal ihre Waffen, die Frauen schafften die am Abend zuvor vorbereiteten Ledertaschen mit Essensvorräten herbei. Und zwischen den Erwachsenen stoben die Kinder umher, die mit dünnen Zweigen in der Hand die Jagd der Männer spielend vorwegnahmen.

Für gewöhnlich gab es keine ausgeprägte Rangordnung unter den Männern und Frauen, eines jeden Meinung wurde gehört und geachtet. Aber was die Jagd betraf, so waren die Aufgaben klar verteilt. Bilg war wegen seinem Mut, seiner Kraft und seiner Geschicklichkeit der Erste unter den Jägern. Und so beschwerte sich niemand an diesem Morgen, als Bilg, sich seiner Stellung bewusst, hier und dort lautstark seine Anweisungen gab. Als er Jali auf seinem Nachtlager sah, brüllte er in barschem Ton:

„Steh endlich auf, Jali. Wir müssen los. Wir haben schon viel zu viel Zeit verloren."

„Schrei mich nicht so an“, antwortete Jali schlaftrunken.
„Ich schreie, wann und wo es mir passt“, schrie Bilg noch lauter.
Jali setzte sich auf und blickte Bilg unbeeindruckt in die Augen.
„Ihr könnt ja ohne mich losziehen“, sagte Jali gut hörbar für alle anderen.
Bilg stand mit offenem Mund vor Jali und starrte ihn an. Damit hatte er nicht gerechnet. Auf jeden konnte er verzichten, nur auf Jali nicht. Nur Jali konnte sie zu der Herde führen.
So musste Bilg kleinbeigeben. Wortlos drehte er sich um und lief davon. Aber in diesem Augenblick fasste er einen Entschluss: Zu gegebener Zeit würde er dem Jungen eine Abreibung erteilen, die er nicht vergessen würde!

Die Jäger brachen auf. Jali ging mit Bilg voran und wies den Männern den Weg. Sie sprachen nicht viel und sparten sich ihren Atem. Aufmerksam suchten sie mit ihren Augen die Umgebung ab. Sie mussten jederzeit mit einem Angriff eines Bären, eines Löwen oder eines anderen Tieres rechnen. Die Jagd war nicht die Zeit der großen Reden, hier zählten nur Taten. Und äußerste Aufmerksamkeit und Konzentration waren die Vorraussetzungen für den Erfolg.
Schon am späten Vormittag des zweiten Tages stießen die Jäger auf die Wisente. Bilg hob seine rechte Hand und die Männer legten sich hinter einer Schneeverwehung auf den Boden. Keiner gab einen Laut von sich.
Vorsichtig prüfte Bilg den Wind und spähte über die Kuppe. Dann wandte er sich im Flüsterton an die Männer:
„Es sind sieben erwachsene Tiere, darunter ein großer Bulle. Wir müssen vorsichtig sein.“ Auch die anderen Männer schauten neugierig nach der Herde.
Gleich vor Ort berieten sie sich über die beste Jagdstrategie.
„Machen wir es wie letzten Frühling“, schlug Jordun vor. „Wir warten auf die Dunkelheit und greifen mit Fackeln an. Wir trei-

ben die Tiere auf einen Abhang zu. Wir müssen nur noch eine geeignete Stelle ausfindig machen. Das wäre am wenigsten gefährlich für uns alle."

„Dort habe ich keinen Abhang gesehen", sagte Jarik und deutete in die Richtung, aus der sie gekommen waren.

Jordun, unter den Jägern bekannt für seine Umsichtigkeit, erwiderte:

„Vielleicht gibt es auf der anderen Seite eine geeignete Stelle. Wir sollten uns die Zeit nehmen und Ausschau halten. Die Tiere direkt anzugreifen ist gefährlich."

Die Männer nickten zustimmend. Keiner wollte sein Leben unnötig aufs Spiel setzen.

„Gut. Jordun und Jarik, ihr umgeht die Herde und schaut euch nach einer Stelle um, auf die wir die Tiere zutreiben können", sagte Bilg. „Von dort drüben habt ihr einen guten Ausblick auf das Gelände ringsum." Bilg zeigte auf einen kahlen Hügel jenseits der Wisente. „Wir warten hier auf euch. Seid vorsichtig und schreckt die Tiere nicht auf. Und bleibt nicht zu lange fort."

Jordun und Jarik ließen ihr Gepäck bei den Männern und nahmen nur ihre Speere mit. Die zurückgebliebenen Jäger wickelten sich in ihre Felle und machten es sich so gut es ging bequem. Der lange Marsch hatte sie angestrengt und sie konnten die Ruhe gut gebrauchen.

Als die Sonne schon am Sinken war, kehrten Jordun und Jarik zurück. Die Männer hatten geschlafen, waren nach der Ankunft der beiden Späher aber sofort hellwach. Gespannt erwarteten die Jäger ihren Bericht.

„Nichts. Wir haben keine geeignete Stelle entdeckt. Wir müssen uns etwas anderes überlegen", sagte Jarik und setzte sich erschöpft nieder.

„Wir sollten trotzdem nicht direkt angreifen. Es ist zu gefährlich“, sagte Jordun.
„Wir müssen direkt angreifen, ich sehe keine andere Möglichkeit“, widersprach ihm Bilg, wohl wissend, dass niemand ohne Beute ins Lager zurückkehren wollte. Die Männer murmelten zustimmend.
„Wir sind uns einig. Wir greifen an“, stellte Bilg fest und überging den Einwand Jorduns einfach.
Bilg griff nach seinem Halsschmuck und hielt eine kleine Wisentfigur aus Mammutelfenbein hoch. Die Männer hoben stumm die Waffen. Dann spuckte Bilg auf die kleine Mammutfigur. Rötel, der sich in kleinen, kreuzförmigen Vertiefungen auf der Figur festgesetzt hatte, wurde von seinem Speichel herausgelöst. Es sah so aus, als ob das Tier blutete.
„Wartet. Wir sollten nicht unüberlegt handeln.“
Die Männer blickten auf Jali. Niemand hatte damit gerechnet, dass er in dieser Runde einen Vorschlag machen würde, denn es war seine erste Jagd und er war unerfahren. Fast hatten sie vergessen, dass er bei ihnen war.
„Sprich!“, ermunterte ihn sein Vater Jordun.
„Ihr habt den großen Bullen gesehen. Er ist am gefährlichsten. Wenn es gelingt ihn abzulenken, könnten die anderen im Rücken des Bullen ein kleineres Tier angreifen. Aber dem Bullen entgegenzutreten erfordert viel Mut.“
Seine letzten Worte richtete Jali direkt an Bilg. Denn nur er kam für diese Aufgabe in Frage.
„Der Vorschlag ist gut“, sagte Bilg.
Es gefiel im zwar nicht, dass der Vorschlag von Jali kam, aber sie waren auf der Jagd. Und das Wichtigste bei der Jagd war der Erfolg. Außerdem spielte er selbst in Jalis Plan die größte Rolle. Damit war er zufrieden und willigte ein.
„Ich werde den Bullen ablenken. Jali bleibt hier, der Rest von

Euch schleicht sich näher an die Herde heran. Von hier aus hat Jali die Herde im Auge. Er wird euch ein Zeichen geben, wenn der Bulle mich angreift. Dann schlagt ihr zu."
Die Männer nickten und nahmen ihre Waffen in die Hand.
„Aber macht schnell. Ich möchte mich nicht allzu lange mit dem Bullen abgeben", scherzte Bilg und lachte.
Das schätzten die Männer an Bilg. Er wagte viel und ging der Gefahr lachend entgegen. Er hatte die weniger mutigen Männer unter ihnen schon oft durch sein Beispiel gestärkt. Auch die Jäger lachten nun. Bilg wusste: Sie würden wie immer ihr Bestes geben.

Jali blieb allein zurück. Er beobachtete, wie sich die Jäger vorsichtig an die Herde heranschlichen. Und er beobachtete, wie Bilg in der anderen Richtung die Herde in einem großen Bogen umging, um auf der Höhe des Bullen aus der Deckung zu treten. Obwohl Jali nicht direkt an der Jagd beteiligt war, war er sehr aufgeregt, denn zum ersten Mal würde er sehen, wie die Männer ein großes Tier töteten.
Bilg ließ den Bullen nicht aus den Augen. Es hatte den Anschein, als ob das mächtige Tier ihn nicht beachtete. Warum auch? Es war viel größer und stärker als Bilg und fürchtete sich nicht.
Kurz wandte Bilg seine Augen von dem Tier ab und sondierte das Gelände. In einiger Entfernung sah er eine Felsformation an einem kahlen Hang. Bilgs scharfe Augen sahen einen Schatten im Fels. Eine Felsspalte. Dorthin würde er sich vor dem Bullen retten.
Nun musste er die Aufmerksamkeit des Bullen erregen, ohne zu nah an ihn heranzukommen, so dass ihm noch die Zeit zur Flucht blieb.
Er nahm einen herumliegenden, faustgroßen Geröllstein in die Hand und warf ihn auf den Bullen.

Der Stein traf das Tier am Rumpf und es hob den Kopf. Regungslos blieb Bilg stehen. Der Bulle schnaubte und stampfte mit seinem linken Bein auf den Boden. Er stellte seine Ohren seitwärts ab, senkte seinen Kopf und stürmte energisch zwei Schritte nach vorne.

Bilg kannte diese Drohgebärde, er hatte sie schon oft beobachtet. Nur war er dabei einem großen Bullen noch nie so nah gewesen. Langsam, den Bullen immer im Blick, bückte sich Bilg und hob erneut einen Stein auf. Jeder Muskel an Bilgs Körper war bereit. Wenn der Bulle angriff, würde er sofort davonrennen. Doch vorerst bewegte sich der Bulle nicht.

Bilg warf den zweiten Stein und traf das Tier an der Stirn. Das war zu viel für das Tier.

Der Bulle stürmte los.

Aus sicherer Entfernung beobachtete Jali das Geschehen. Bilg nahm einen Stein und warf ihn auf den Bullen, worauf das Tier gereizt reagierte, aber noch nicht angriff. Spätestens jetzt, so war Jali überzeugt, hätte jeder andere Mann die Flucht ergriffen.

Jali ertappte sich bei einem sonderbaren Gedanken. Sicher würde er mit Bilg noch viele Schwierigkeiten haben. Was wäre, wenn das Tier Bilg töten würde? Doch Jali hatte nicht die Zeit, seine Überlegungen zu Ende zu führen, denn Bilg nahm bereits einen zweiten Stein in die Hand und warf ihn nach dem Bullen. Dieser stürmte zornentbrannt los und Bilg flüchtete. Die anderen Tiere verhielten sich ruhig und beobachteten den Vorgang. Die Aufmerksamkeit der Herde richtete sich ganz auf Bilg und den alten Bullen. Der Augenblick, erkannte Jali, war günstig. Er gab das Signal und die Jäger stürzten aus ihrer Deckung. Sie hatten sich schon vorher auf ein abseits der Herde stehendes kleines Tier geeinigt. Aus allen Richtungen warfen die Männer ihre Speere, einige durchdrangen die Haut des Wisents und verletzten es schwer.

Verwirrt wandten sich die Tiere den Angreifern zu und schützten das verletzte Jungtier. Aber genauso schnell, wie die Männer angegriffen hatten, rannten sie wieder davon und brachten sich in Sicherheit. Wenn sie Glück hatten, würde das tödlich getroffene Tier schon bald verenden. Es konnte aber auch sein, dass sie der Herde noch lange in sicherer Entfernung folgen mussten, bis es tot im Schnee liegen blieb.

Bilg rannte um sein Leben. Er spürte, wie der Boden unter seinen Füßen bebte, als der Bulle mit gesenktem Haupt hinter ihm herrannte. Kurz vor dem Wisentbullen erreichte Bilg den Fels und zwängte sich geschickt in die dünne Spalte. Sie war gerade so groß, dass er hineinpasste.
Draußen tobte der Bulle und rieb seine Hörner am Fels. Als er merkte, dass er damit nichts erreichen konnte, blieb er laut schnaubend stehen. Bilg war vorsichtig und zwängte sich noch tiefer in die Felsspalte hinein. Ein kalter Lufthauch in seinem Nacken sagte ihm, dass sich der enge Gang noch weiter fortsetzte. Plötzlich weitete sich die Felsspalte zu einer geräumigen Höhle. Bilg war gerettet. In der Sicherheit des großen, dunklen Raumes wartete er ab, bis der Bulle abzog.

Die Jäger hatten das Tier so schwer verletzt, dass es nicht mehr weit kam. Jali beobachtete, wie es sich schwerfällig auf die Seite legte. Er litt mit dem Tier. Er konnte seinen Schmerz spüren, so wie er den Schmerz der sterbenden Löwin gespürt hatte.
Jali lehnte sich einen kurzen Moment zurück und dankte dem Tier für sein Fleisch. Er bat um Verzeihung dafür, dass die Jäger seinem kurzen Leben ein gewaltsames Ende gemacht hatten.
Die Herde, durch die Ereignisse in Aufregung geraten, machte sich davon und ließ das Tier, aus dessen Leib etliche Speere in den Himmel ragten, zurück. Die Jäger näherten sich dem Wisent

vorsichtig, denn es atmete noch. Auch Jali machte sich auf den Weg dorthin.
Das übliche Freudengeschrei blieb zunächst aus, denn alle hielten sorgenvoll Ausschau nach Bilg. Dieser ließ nicht lange auf sich warten und kam ihnen mit schnellen Schritten entgegen. Die Anspannung löste sich. Bilg hob seinen Speer und wollte dem Tier den Todesstoß versetzen. Aber er hielt inne, drehte sich um und reichte seinen Speer an Jali weiter.
„Töte!“, sagte er.
Es war eine große Ehre für Jali, das Tier auf Geheiß des Ersten Jägers töten zu dürfen. Denn nach althergebrachter Tradition des Clans galt ein junger Mann ab diesem Augenblick als Jäger.
Jali nahm den Speer, holte aus und – zögerte!
Die Männer blickten ihn erstaunt an. Was war mit dem Jungen los? Schweiß rann von Jalis Stirn und er atmete schwer. Er blickte in das große, braune Auge des Wisents und hatte Mitleid.
„Stoß zu!“, forderte ihn sein Vater auf. Jali rang nach Luft und stieß schließlich zu. Das Tier starb und die Männer brachen in ein lautes Jubelgeschrei aus. Sie hatten nicht nur ein Wisent getötet, sie hatten von nun an auch einen neuen Jäger in ihrer Mitte. Die Männer erklommen den Leib des Tieres und reckten ihre Arme triumphierend in die Höhe. Der Jagderfolg sicherte das Überleben des Clans auf längere Zeit.
„Wir müssen es schnell zerlegen“, sagte Jali.
„Das ist noch unser kleinstes Problem“, erwiderte Jarik. „Wie sollen wir das Fleisch bis ins Lager schaffen? Das viele Fleisch nützt uns nichts, da wir nur sehr wenig davon tragen können.“
Die Männer ließen die Köpfe hängen. Sie hatten das Wisent erlegt, und nun sollte das meiste davon ungenutzt hier liegen bleiben? Es musste noch einen anderen Weg geben.
„Wir lassen eine Wache hier, und der Rest der Männer geht den Weg zum Lager eben mehrmals“, schlug Jali vor.

„Nein, das geht nicht“, erklärte im Jarik, „denn bald werden die Raubtiere und Aasfresser kommen. Das wäre viel zu gefährlich.“
Da meldete sich Bilg zu Wort.
„Wenn das Fleisch nicht ins Lager kommt, muss das Lager eben zum Fleisch kommen. Es wird ohnehin bald Zeit, das Winterlager zu verlassen.“
Die Männer blickten Bilg fragend an. Was sollte das bedeuten?
„Ich habe dort drüben in einer Felsspalte Schutz vor dem Bullen gesucht. Aber es ist nicht nur eine Spalte, dahinter verbirgt sich eine geräumige Höhle. Wenn wir das Tier hier zerlegen und das Fleisch in die Höhle schaffen, können wir es gegen jedes Raubtier verteidigen.“
Jetzt begriffen die Jäger und stimmten zu. Bilg wandte sich an Jali:
„Du machst dich mit deinem Vater auf den Weg zurück ins Lager. Erklärt Raak, was geschehen ist. Sie sollen das Lager aufgeben und sofort hierher kommen.“
Es war beschlossene Sache. Die Männer brachen mit ihren Hornsteinmessern die Haut des Wisents auf. Die Arbeit war schwer, denn die Haut war dick und zäh. Jordun und Jali machten sich auf den Weg zurück ins Lager.

❋

Aro war an Händen und Füßen gefesselt und lag abseits des Feuers, das vor einer kleinen Hütte brannte. In diese Hütte hatten sich die Männer der Erdmenschen zur Beratung zurückgezogen. Solch eine Behausung hatte Aro noch nie gesehen, denn das Gerüst der Hütte bestand zum Teil aus Mammutknochen. Dadurch war die Hütte besonders stabil.
In diesem Moment stieß ihm eine Erdmenschenfrau neugierig mit ihrem Fuß in die Seite. Jetzt erst bemerkte Aro, dass sich die Blicke der Frauen nur auf ihn richteten.

Während die Männer über das Schicksal Aros berieten, warteten die Frauen außerhalb der Hütte in einiger Entfernung. Sie beobachteten ihn. War dieser Mann ein Mann wie ihre Männer? Er hatte einen seltsamen Körperbau, war schmächtig und wenig behaart.
Nur langsam überwanden sie ihre Scheu und näherten sich ihm zaghaft. Sie fingen an, ihn am ganzen Körper zu betasten. Eine Frau war dabei besonders ungeniert und griff Aro direkt unter seine Fellhose. Mit ihren Händen forschte sie zwischen seinen Beinen. Hatte er dort, was ihre Männer auch hatten?
„He, was machst du da? Hör auf damit!“, protestierte er.
Doch die Erdmenschenfrau ließ sich nicht beeindrucken. Nun wollte sie es genau wissen.

Später, die Frauen interessierten sich schon längst nicht mehr für den fremden Mann, erschien ein junger Erdmenschenmann bei Aro.
„Krah“, sagte der kräftige, mit Muskeln bepackte Mann und deutete dabei auf sich selbst.
„Aro“, bekam er zur Antwort. Krah löste Aros Fesseln. Nur seine Hände blieben mit einem dicken Lederriemen fest zusammengebunden.
Aro wurde in das Innere der Hütte geführt. Dort saßen mehrere Männer in einem Kreis um ein kleines Feuer. Der Rauch, der kaum abzog, reizte Aro in den Augen und im Hals. Aber den Männern schien er nicht das Geringste auszumachen.
Krah bedeutete Aro, sich auf einen Stein am Rande des Männerkreises zu setzen. Nur langsam gewöhnten sich Aros Augen an den beißenden Rauch. Er schaute sich um. Die Erdmenschen hatten die Schädel ihrer Toten mit Lederriemen an der Innenseite der Hütte angebracht. Aus ihren dunklen Augenhöhlen schienen die Toten das Geschehen in der Mitte der Hütte von allen Seiten zu beobachten.

Sie beraten über mein Leben, dachte Aro und beobachtete die Männer genau. Zuerst sprachen der Reihe nach die vier Männer, die Aro gefangen genommen hatten. Die Männer gestikulierten mit den Händen und stießen dabei seltsame Laute aus.
Allem Anschein nach berichteten die Männer über die Umstände ihrer Begegnung mit Aro. Ihrem Bericht folgte eine Rede Krahs, dessen Worte und Gesten unter den Männern anscheinend großes Gewicht hatten. Sie sind nicht so, wie ich sie mir vorgestellt habe, dachte Aro. Sie sind nicht blutrünstig, wie in den Geschichten des Clans immer erzählt wird. Im Gegenteil. Im Clan wäre ein gefangener Erdmensch schon längst getötet worden.
Nachdem Krah geendet hatte, sprachen die anderen Männer. Sie gestikulierten heftig und deuteten dabei auf Aro.
Sie fordern meinen Tod, schoss es Aro durch den Kopf.
Plötzlich fiel Aro ein Schädel in der Reihe der Ahnen auf. Die Aufregung schnürte ihm den Hals zu, sodass er kaum noch atmen konnte. Auch die Erdmenschen bemerkten seine Aufregung, unterbrachen ihre Unterredung und blickten zu Aro. Dieser erhob sich von seinem Platz und ging, so als ob die Erdmenschen nicht anwesend wären, auf einen Schädel zu. Dieser eine Schädel sah nicht wie die anderen aus.
Er hatte im Gegensatz zu den Erdmenschenschädeln eine hohe Stirn und war rundlich geformt. Es war der Schädel eines Mannes aus dem Clan der Menschen! Als sich Aro den Schädel genauer ansah, bemerkte er eine Halskette, die bei dem Schädel lag. An einem Lederriemen war ein kleines Mammut aus Elfenbein befestigt. Sein Vater, so erinnerte sich Aro, hatte solch ein Mammut um den Hals getragen. Aro blickte in die dunklen Öffnungen des Schädels und Tränen rannen über sein Gesicht.
Die Männer um ihn herum schwiegen. Der Mann, dessen Andenken die Erdmenschen mit seinem Schädel achteten, war vor vielen Jahren zu ihnen gestoßen und hatte sie wichtige Dinge ge-

lehrt. Er hatte ihnen gezeigt, wie man aus einer Hornsteinknolle kleine scharfe Schaber herstellen konnte. Er hatte ihnen gezeigt, wie man Schmuck fertigte. Er hatte ihre Sprache gelernt und die Erdmenschen hatten auch einige Worte der Sprache des Fremden gelernt. Und dieser Mann hatte sie immer wieder eindringlich gewarnt und ihnen eingeschärft: Sollten Menschen meines Clans in eurem Land auftauchen, so weicht ihnen aus und flieht. Tut ihr es nicht, so werden sie euch alle töten!
Die Worte ihres Freundes, denn der Fremde war tatsächlich ihr Freund geworden, beeindruckten die Erdmenschen sehr. Deshalb waren sie all die Jahre wachsam gewesen und hatten das Auftauchen der Fremden in ihrem Land erwartet.
Krah blickte zu Aro empor, denn Aro war fast einen Kopf größer als er. Er deutete auf den Schädel und sagte:
„Mensch. Freund."
Aro starrte Krah fassungslos an. Krah hatte diese Worte in der Sprache des Clans gesprochen!

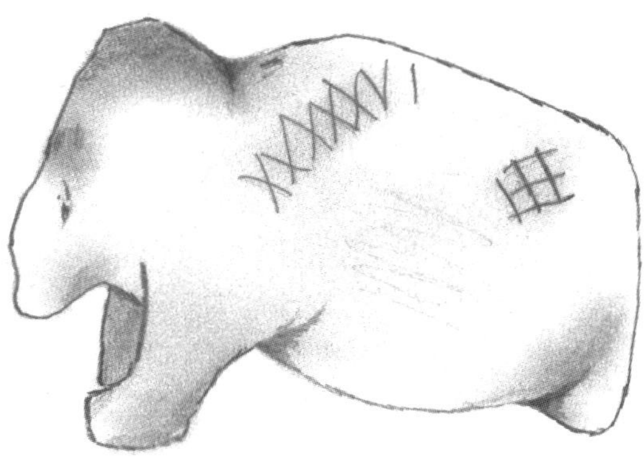

Mammutfigur aus der Vogelherdhöhle

Die Menschen des Clans hatten sich schnell an das neue Lager gewöhnt, zogen sie doch die meiste Zeit der warmen Jahreshälfte als Nomaden umher. Nur in besonders guten Jagdgründen verweilten sie etwas länger.
In der Nähe der Höhle, in der die Jäger das Fleisch des erlegten Wisents verborgen hatten, hatten sie ihr neues Lager angelegt. Auch hier schliefen die Menschen in ihren Zelten und mieden die feuchte Höhle.

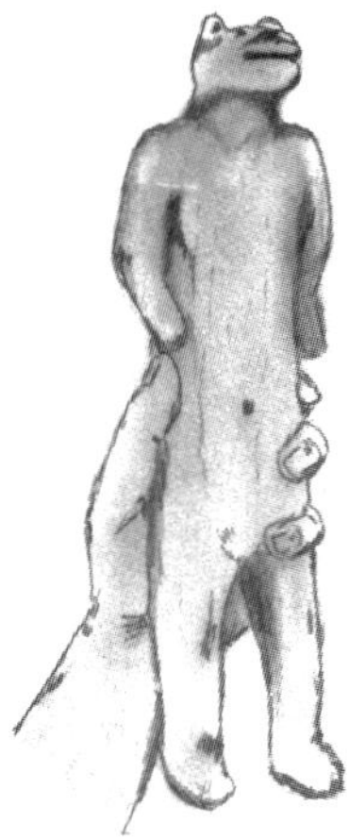

Löwenmensch aus dem Hohlenstein-Stadel

Im neuen Lager schlief Jali in einer Nische des Gemeinschaftszeltes und wurde nach seiner Aufnahme in den Kreis der Jäger von den anderen als Mann geachtet. In den ersten Tagen nach der Ankunft im Lager hatte Jali in mühevoller Arbeit einen menschlichen Körper mit dem Kopf einer Löwin aus einem Mammutstoßzahn herausgearbeitet. Wie von einem Fieber erfasst hatte er an der Figur geschnitzt, unterbrochen nur vom Schlaf. Die heimlichen Blicke der Menschen hatten ihn ständig bei seiner Arbeit begleitet.
„Was machst du da?", hatte ihn sein Vater gefragt.
„Ich werde es dir erklären. Aber erst, wenn die Figur fertig ist", hatte Jali geantwortet.

„Von dieser Löwin träume ich oft", sagte Jali eines Abends und hob die Figur hoch. Die Kinder schliefen bereits, und die Erwachsenen hatten sich um das Feuer in der Mitte des Zeltes versammelt. Alle Augen richteten sich auf die sonderbare Figur in Jalis Hand. Die Figur hatte den Kopf einer Löwin und den Körper eines Menschen. So etwas gab es nicht! Verständnislos blickten ihn die Menschen an. „Die Löwin ist in meinem Kopf und beherrscht meine Gedanken. Aber sie ist nicht nur in meinem Kopf. Sie ist auch hier, unter euch."

Ungläubig murmelten die Menschen. Was sollten sie von so etwas halten? Eine menschliche Figur mit einem Löwenkopf, das war in ihren Augen Unsinn.

„Ihr glaubt mir nicht? Aber es ist wahr. Diese Löwin hier", mit seiner freien Hand berührte Jali das Fell der Löwin, das in seiner Schlafnische lag, „diese Löwin hat für mich gejagt. Sie tötete ein junges Nashorn und ließ es für mich und Aro zurück."

Die Menschen schwiegen. Sie wussten von der Beute, denn sie hatten das abgeschlagene Horn des Tieres in Jalis Gepäck gesehen. „Wie hätten Aro und ich, unerfahren in der Jagd, das Tier erlegen können?"

Die Jäger nickten bestätigend mit ihren Köpfen. Es war selbst für sie sehr gefährlich, ein Nashorn zu erlegen.

„Vielleicht habt ihr ja nur ein totes Tier im Schnee gefunden", zweifelte Bilg.

„Nein, so war es nicht", erwiderte Jali mit fester Stimme. „Die Löwin hat für mich gejagt."

„Und wie hast du dann die Löwin erlegt?", setzte Bilg nach.

„Jali überlegte nur kurz. Denn er hatte mit dieser Frage gerechnet und sich schon lange eine Antwort zurechtgelegt. Die Antwort entsprach nicht der Wahrheit, doch sie sollte seine Stellung im Clan festigen.

„Ich habe die Löwin mit meinem Speer getötet."

„Kein Junge in deinem Alter kann eine Löwin mit einem Speer töten", widersprach Bilg. Auch mit diesem Widerspruch hatte Jali gerechnet und entgegnete:

„Und was ist das?“
Er strich mit seiner freien Hand über das Löwenfell. Bilg schwieg.
„Das Wissen Aros ist auf mich übergegangen. Er gab mir die Macht, den Tieren meinen Willen aufzuzwingen. Ich habe die Löwin dazu gezwungen, sich nicht zu wehren. So konnte ich sie mit meinem Speer töten.“
Diese Geschichte verfehlte ihre Wirkung bei den Clanmenschen nicht. Ehrfürchtig blickten alle auf Jali. Nur Bilg legte seine Stirn in Falten. Er fühlte, dass Jali nicht die Wahrheit sprach. Bilg schwieg, spuckte in das Feuer und drückte so sein Unbehagen aus. Raak wollte Bilg zur Rede stellen, denn niemand durfte sich so etwas erlauben. Das Feuer in ihrer Mitte wurde besonders geehrt. Es schützte und wärmte die Menschen.
Aber Raak besann sich eines besseren und schwieg. Bilg war nicht irgendwer. Bilg war der Erste Jäger des Clans.
Raak sah zu Jali hinüber und ihre Blicke trafen sich. Beide waren sich darüber klar: Das war nur der Anfang der Schwierigkeiten mit Bilg. Es würde noch weit härtere Auseinandersetzungen folgen.

Unaufhaltsam näherte sich der Frühling. Die Natur erwachte zu neuem Leben. Wenn die Männer auf Jagd gingen, fragten sie Jali um Rat. Seine Ratschläge erwiesen sich bald als genauso hilfreich und nützlich wie es die von Aro gewesen waren. Manchmal begleitete Jali die Jäger auch auf die Jagd. Von Aro sprach niemand mehr. Nur Jali und Raak unterhielten sich noch manchmal im Flüsterton über das Schicksal von Aro.
Auch bei Krankheiten und Verletzungen wurde die Hilfe von Jali gesucht, unaufhaltsam wuchs sein Einfluss auf den Clan. Argwöhnisch beobachtete Bilg diese Entwicklung, er sah seine eigene Stellung gefährdet.
Jali und Bilg gingen sich aus dem Weg, noch scheuten beide einen offenen Zusammenstoss. Doch eines Abends war es so weit.

Die Jäger saßen abseits des Feuers und redeten über die misslungene Jagd des Tages. Ein großer Hirsch war ihnen trotz seiner Verletzung durch einen Speer entkommen. Sie hatten seine Spur noch bis zur Dämmerung verfolgt und die Suche bei Einbruch der Nacht abgebrochen.
„Mein Speer hat den Hirsch getroffen. Bei Sonnenaufgang werden wir seine Spur wieder aufnehmen und ihn finden. Er kann mit dieser Verletzung nicht weit kommen“, sagte Bilg. Zustimmend nickten die Männer.
„Nein!“
Erstaunt blickten die Männer sich um und sahen Jali näher kommen. Die Männer schwiegen betroffen, denn sie ahnten, was nun kommen würde.
„Der Hirsch ist verletzt, aber er ist schon zu weit fort. Ich kann es spüren. Ihr werdet ihn nicht mehr finden. Und wir dürfen unsere Zeit nicht für eine sinnlose Verfolgung vergeuden.“
Drohend baute sich Bilg vor Jali auf.
„Ich sage: Wir verfolgen den Hirsch! Wir erlegen ihn und wir essen sein Fleisch. Bleib du bei den Frauen und Kindern wie einst Aro.“
Jali spürte: Auf diesen Augenblick kam es an. Er musste nun die richtigen Worte finden, denn mit Muskelkraft konnte er nicht gegen Bilg ankommen. Jali wandte sich an die Männer:
„Hat euch mein Ratschlag jemals getrogen?“
Zornig sagte Bilg zu den Männern:
„Hat euch mein Jagdgeschick jemals enttäuscht?“
Verlegen senkten die Männer ihre Köpfe und blickten zu Boden. Keiner von ihnen wollte sich auf eine Seite schlagen. Auf diese Weise war keine Entscheidung herbeizuführen.
Jali sagte zu Bilg:
„Wende dich nicht gegen mich, Bilg. Wir müssen zum Wohl des Clans zusammenarbeiten. Mit deiner Kraft und meinem Wissen werden die Menschen keinen Hunger leiden.“

Bilg lachte höhnisch und antwortete:
„Bah! Deine Kindergeschichten beeindrucken mich nicht. Schau her“, er wog seinen schweren Speer in der Hand, „damit fängt man das Wild. Nicht mit deinen Geschichten.“
Eine kurze Drehung des Handgelenks und der Schaft des Speeres fuhr ohne Vorwarnung auf Jali nieder.
Vor Jalis Augen wurde es schwarz und er fiel bewusstlos zu Boden.

Es dröhnte in Jalis Kopf. Er versuchte die Augen zu öffnen, aber es gelang ihm nur schwer. Was war geschehen? Langsam kehrte die Erinnerung zurück.
Ich muss Bilg zur Besinnung bringen. So kann es nicht weiter gehen, dachte Jali.
„Es muss eine Entscheidung getroffen werden“, flüsterte ihm Raak, der neben ihm saß, ins Ohr. Hatte er seine Gedanken gehört?
Mühsam setzte sich Jali auf. Sein Kopf schmerzte, und als er mit seiner Hand an seine Stirn tastete, bemerkte er eine schmerzhafte Beule.
„Dabei wird es nicht bleiben“, warnte ihn Raak noch immer im Flüsterton. „Wenn du dich ihm das nächste Mal in den Weg stellst, wird er dich töten.“
„Was kann ich dagegen tun?“
Raak runzelte die Stirn.
„So wie ich die Sache sehe, gibt es nur zwei Möglichkeiten. Er oder du.“
„Was soll das heißen?“
„Die Geschicke des Clans zu lenken ist nicht immer leicht. Auch das musst du noch lernen. Schwere Entscheidungen müssen manchmal getroffen werden. Was glaubst du, was mit dem Kind, dessen Mutter bei der Geburt starb, geschah?“
Jali schwieg. Er wollte es nicht wissen. Raak hob drohend seine Faust.

„Was glaubst du, was mit Bilg geschehen wird?“
Auch jetzt schwieg Jali. Aber kurz darauf sagte er beinahe erleichtert:
„Bilg ist der stärkste Mann des Clans. Du kannst ihm nichts antun.“
Erst jetzt bemerkte Jali einen kleinen Lederbeutel in der Faust Raaks. Seine knochigen Finger spannten sich kraftvoll um den Beutel.
„Es gibt noch andere Mittel als die Kraft der Arme.“
„Was ist in dem Beutel?“, fragte Jali besorgt.
„Das brauchst du nicht zu wissen“, antwortete Raak und stand auf. „Ruh dich aus. Schlaf heute Nacht. Der morgige Tag wird die Entscheidung bringen.“ Mit diesen Worten entfernte sich Raak und setzte sich zu den Jägern ans Feuer. Jali ging es zu schlecht um aufstehen zu können.
Aber er war angespannt und fand keinen Schlaf. Deshalb beobachtete er die Vorgänge am Lagerfeuer und lauschte den Gesprächen der Menschen. Ihn beschlich ein sonderbares Gefühl, als Raak im Lauf des Abends ein schalenförmiges Stück Rinde mit Wasser füllte und beiläufig an Bilg weiterreichte. Bilg dankte und leerte das Gefäß in einem Zug. Noch lange saßen die Männer lachend und scherzend am Feuer. Irgendwann schlief Jali ein. Bis in seine Träume hinein glaubte Jali das Lachen Raaks zu hören.
Noch bevor der Morgen graute, erwachten die Menschen des Clans am Geschrei einer Frau. Es war das Geschrei von Roda, Bilgs Gefährtin, die ihren Mann tot neben sich liegend fand.

❋

Der Leichnam Bilgs wurde vor dem Gemeinschaftszelt niedergelegt. Was war geschehen? Niemand konnte es begreifen. Bilg, der große Jäger, war ohne erkennbaren Grund gestorben.
An einem kleinen Feuer wachten die Jäger nach alter Tradition

beim Leichnam Bilgs und rühmten seine Taten. So wollte es der Brauch des Clans, so wurde, wenn es der tägliche Überlebenskampf erlaubte, beim Tod eines jeden Jägers verfahren.
Die Männer erzählten sich Geschichten von den gemeinsam erlebten Jagden und stemmten sich mit ihren Erinnerungen gegen den Tod des großen Jägers.
Jeder steuerte eine Geschichte aus Bilgs Leben bei, die Erzählungen reichten von der Kindheit Bilgs bis zu seinen letzten Tagen.
„Wisst ihr noch, wie Bilg als kleiner Junge in den Fluss gefallen ist?“, fragte Jarik, ein Jäger, der schon mehr kalte Winter überstanden hatte als die meisten anderen.
„Nein, das könnt ihr nicht wissen, ihr wart damals ja selbst noch Kinder“, beantwortete er selbst sogleich seine eigene Frage und begann die Geschichte zu erzählen.
„Bilgs Mutter war mit den anderen Frauen zum Fischen gegangen. Die Kinder waren bei den Alten im Zelt geblieben, denn sie hätten mit ihrem Geschrei nur die Fische vertrieben. Aber der kleine Bilg war schon damals ein neugieriger Hitzkopf, der sich von niemandem etwas sagen ließ. So schlich sich Bilg unter den wachsamen Augen der Alten davon und rannte zu seiner Mutter. Dabei war er unachtsam und rutschte am Ufer aus, sodass er in das kalte Wasser fiel. Prustend und schreiend ging er unter. Nur weil ich damals zufällig ein paar Schritte flussabwärts am Ufer stand, bekam ich ihn zu fassen. Er war vom kalten Wasser bereits am ganzen Körper blau. Das war ein Aufruhr! Seine Mutter wickelte ihn in ein Fell und rieb seine Haut, bis das Leben in ihn zurückkehrte. Es hätte nicht viel gefehlt und er wäre schon damals gestorben.“
Anerkennend nickten die Männer und blickten auf den toten Körper Bilgs, der ganz in ihrer Nähe lag. Nun hatte ihn der Tod im besten Alter ereilt. Die Männer wussten, dass es ihnen sehr wahrscheinlich auch irgendwann einmal so ergehen würde, denn nur selten erreichte ein Mann ein hohes Alter.

Alle um das Feuer Sitzenden wussten, dass sie selbst die nächsten sein konnten, über die in diesem Kreis Geschichten erzählt wurden. So war der Abschied von Bilg für jeden Jäger auch ein kleiner Abschied vom eigenen Leben. So wollte es die Tradition des Clans. Denn es war nicht gut, dem Tod unvorbereitet zu begegnen.

Und doch war der Tod Bilgs etwas Besonderes. Denn Bilg war nicht irgendein Jäger, er war der Erste Jäger des Clans gewesen. Er hatte den anderen mit seinem Mut stets ein Beispiel gegeben. Wie sollte es ohne Bilg weitergehen?

Immer wieder ergriff Bilgs Bruder Zedeg das Wort.

„Ihr wisst, wie Bilg sich alleine gegen den Löwen wandte. Niemand sonst hätte das gewagt! Ich sah in seine Augen und sah ein Feuer darin lodern. Eher wäre er gestorben, als ohne Beute zurückzukehren! Er war ein tapferer Mann!"

Die Männer senkten ihre Köpfe und schwiegen. Niemand wollte diesen Worten etwas hinzufügen. Und niemand dachte in diesem Augenblick mehr an den Eigensinn Bilgs bei der anschließenden Verteilung des Fleisches.

„Und die Jagd auf das Wisent", warf Jordun ein, „wäre ohne Bilgs Mut auch nicht so gut ausgegangen."

Dann brachte Jordun zum Ausdruck, wovor sich alle fürchteten:

„Er war der beste Jäger von uns allen. Wie sollen wir ohne ihn nur zurechtkommen?"

Die Männer nickten. Vor dieser Frage fürchteten sich alle. Wie sollten sie ihre Familien ernähren?

„Seine Kraft und seine Klugheit werden uns nicht verloren gehen", beruhigte Raak die Männer. Erstaunt wandten die Männer ihre Köpfe zu ihm.

„Was meinst du damit?", fragte Zedeg.

„Wir müssen etwas Ungewöhnliches tun, um einer ungewöhnlichen Gefahr zu begegnen."

Langsam begriffen die Männer. Ja, davon hatten sie schon gehört. Raak hatte es schon manchmal in seinen Geschichten erwähnt. Aber sie hatten es noch nie getan.
Jali lag im Zelt auf seinem Fellsack. Noch immer schmerzte sein Kopf, doch er konnte wieder klar denken. Was hatte Raak mit dem Tod Bilgs zu tun? Er dachte noch weiter zurück. Gab es einen Zusammenhang zwischen Raak und dem Tod der alten Noor? Ein schrecklicher Verdacht machte sich in ihm breit. Er musste es genau wissen.

Raak öffnete den Schädel Bilgs und entnahm das Gehirn. Zum Schutz vor den Fliegen gab er es in einen Lederbeutel, dann wurde Bilg begraben. Vor der Höhle, die er selbst entdeckt hatte, wurde mit Ästen und Steinen eine Grube ausgehoben und Bilgs Leichnam darin niedergelegt. Dieser Platz würde von nun an Bilgs Platz genannt werden. Es war ein guter Platz, eines Jägers wie Bilg würdig.
Raak bestreute den toten Körper mit Ocker und sprach die Worte des Abschieds.
„Wir müssen an die Zukunft denken", sagte Raak zum Schluss und hob den Lederbeutel in seiner Hand hoch. „Damit gehen der Mut und die Kraft Bligs auf uns über. Kommt alle her!"
Roda trat als erste vor, nach und nach folgten ihr die anderen. Nur Jali rührte sich nicht.

„Der Geist des Löwen ist mir heute Nacht erschienen", sagte Jali zu den Essenden. Alle Blicke richteten sich auf ihn. Warum störte er die Zeremonie durch seine Worte?
„Der Geist des Löwen ruft mich an einen bestimmten Platz. Es ist der Ort, wo die Lebenden hinüber zu den Toten gehen. Dort, so sagt der Löwengeist, kann ich noch einmal mit Bilg sprechen. Ich werde ihn zu seinem Tod befragen. Und auch Noor werde ich

dort noch einmal treffen. Denn zwischen dem Tod der beiden gibt es einen Zusammenhang."

Ratlos starrten ihn die Menschen an. Nur Raak stand das Entsetzen ins Gesicht geschrieben. Hatte er Jali falsch eingeschätzt? – Er durfte kein Risiko eingehen!

Jali ging in das Zelt und holte sein Bündel. Er hatte es schon vorbereitet. Ohne ein weiteres Wort ging er aus dem Lager. Zurück blieben die verblüfften Menschen des Clans.

Jali ging zurück zu der Höhle, vor der er sich von Aro verabschiedet hatte. Dort war der richtige Platz um zu warten. Dort würde nur Raak ihn finden, denn nur er wusste, was mit der Anspielung auf die Geister der Toten gemeint war.

Aber was würde geschehen, wenn er die Lage falsch eingeschätzt hatte und nicht eintraf, was er vermutete?

*

Jali machte im Eingangsbereich der Höhle ein Feuer und setzte sich. Er kramte in seiner Packtasche und betrachtete das Wenige, das er zum Essen eingepackt hatte. Drei Tage wird es reichen, nicht länger, dachte er. Aber er war sich sicher, dass er nicht so lange würde warten müssen.

Er umwickelte sich mit seinem Löwenfell und lehnte sich mit seinem Rücken gegen einen Felsblock.

Eine Gestalt bewegte sich in der Dunkelheit lautlos auf das Feuer im Höhleneingang zu. Der Mann, der sich vorsichtig im Schatten der großen Felsen bewegte, hielt inne. Er beobachtete den am Feuer sitzenden jungen Mann. Dieser war in ein Löwenfell gewickelt und lehnte mit dem Rücken an einen Felsblock. War er eingeschlafen? Umso besser!

Ohne ihn aus den Augen zu lassen, schlich sich die Gestalt noch näher heran. Als die Entfernung gering genug war, hob der Mann seinen Speer, zielte genau und warf.
Der Speer bohrte sich tief in die Brust seines Opfers.

„Du beherrschst die Waffe noch gut, nach all den Jahren. Man merkt dir nicht an, dass du schon lange nicht mehr auf die Jagd gehst."
Erschrocken fuhr der nächtliche Besucher herum. Die Stimme kam aus der Höhle! Und es war Jalis Stimme! Wie konnte das sein? Er lag doch tot am Boden. Da durchschaute der Speerwerfer die List. Er war auf ein mit Zweigen und Moos ausgestopftes Löwenfell hereingefallen. Doch er fand seine Fassung schnell wieder.
„Du bist klüger als ich dachte. Komm heraus und lass dich sehen."
„Ich unterschätze dich nicht, Raak. Mein Speer ist auf dich gerichtet. Versuche nicht zu fliehen, denn sonst werde ich dich erlegen wie einen alten Hirsch."
Jali trat aus dem dunklen Höhleneingang. In sicherer Entfernung blieb er vor Raak stehen, seinen Speer wurfbereit in seiner rechten Hand.
„Deine heimliche Herrschaft über den Clan ist nun vorbei. Nie wieder sollst du heimtückisch töten. Das lasse ich nicht mehr zu!"
„Du hast mich durchschaut", gab Raak zu und lächelte. „Doch du hast noch lange nicht alles begriffen. Ja, ich lenke die Geschicke des Clans im Verborgenen. Und ich treffe manchmal harte Entscheidungen".
Bei diesen Worten zeigte Raak auf das von seinem Speer durchbohrte Löwenfell. „Aber es ist immer zum Wohle des Clans geschehen."

„Zum Wohle des Clans!“, wiederholte Jali verächtlich. „Wie viele Menschen hast du zum Wohle des Clans schon getötet?“ Er wartete die Antwort Raaks nicht ab.

„Du hast nicht nur Bilg getötet, du hast auch Noor getötet. Das waren nicht die Erdmenschen! Und auch Gorun hast du damals getötet, um selbst den Clan zu führen.“

Die letzte Bemerkung Jalis brachte Raak aus der Fassung. „Woher weißt du…?“, stammelte er.

„Ich wusste es bisher nicht. Ich habe es nur vermutet. Aber jetzt ist mir klar, dass ich mit meiner Vermutung Recht hatte.“

Raak fand seine Beherrschung wieder und schmunzelte.

„Ja, ich habe sie alle getötet. Niemand hat es bisher bemerkt.“ Raak lachte, und sein zahnloser Mund sah aus wie ein dunkler Höhleneingang. Doch von einem Moment zum anderen hörte er auf zu lachen und sagte ernst:

„Gorun verführte den Clan durch seine Klugheit. Sie glaubten ihm alles. Er zweifelte an den Geschichten über unsere Ahnen. Das konnte ich nicht zulassen. Was wäre vom Clan geblieben ohne die Geschichten über die Väter! Und Noor…“ Bei diesen Worten spuckte Raak vor sich auf den Boden. „Sie war alt und hat den anderen nur das Essen weggefressen.“

Jali wollte etwas erwidern, aber seine Stimme versagte.

„Bilg habe ich für dich getötet“, sprach Raak weiter. „Ich erwarte nicht, dass du das verstehst, denn ich habe dich falsch eingeschätzt. Du bist schwach. Nur mit meiner Hilfe wirst du den Clan führen können.“

„Für deine Taten gibt es keine Rechtfertigung!“, entgegnete Jali kühl.

Raak kniff seine Augen zusammen und musterte Jali genau. „Du bist gegen mich aufgebracht. Aber ich will es dir erklären. Kurz vor Noors Tod habe ich das kleine Kind getötet. Es hatte noch nicht einmal einen Namen, seine Mutter war bei der Geburt ge-

storben. Ich habe damals alle gefragt, ob sie das Kind großziehen wollen. Aber niemand gab mir eine Antwort. Nicht einmal der Vater des Kindes!"
Während seiner Rede war Raak immer lauter geworden. Die letzten Worte hatte er vor Aufregung eher geschrieen als gesprochen. Speichel rann aus seinen Mundwinkeln. Er ballte seine Hände zu Fäusten, als er weiter sprach.
„Weißt du, wie es ist, ein Kind zu töten? Nur weil wir nicht genug zu essen haben! Weißt du es?"
Er machte eine kurze Pause und beobachtete Jalis Reaktion auf seine Worte. Aber Jali starrte ihn nur entsetzt an.
„Nein, du weißt es nicht", fuhr er fort, „denn du bist wie die anderen. Alle wollen leben, aber dafür töten wollen sie nicht. Ich muss es für sie tun. Ich hätte die alte Fresserin schon viel früher töten sollen. Vielleicht hätte das Kind so überlebt."
Wieder machte er eine Pause, um seine Worte wirken zu lassen.
„Es kommt nicht auf diejenigen an, die tot sind. Es kommt auf diejenigen an, die leben! Nur durch meine Entscheidungen ist der Fortbestand des Clans gesichert", rechtfertigte er sich noch einmal.
Er streckte Jali seine offene Hand entgegen.
„Hilf mir. Zusammen werden wir den Clan führen und es wird nie wieder ein Kind sterben müssen."
Gespannt wartete Raak auf die Antwort Jalis.
„Zusammen?", fragte dieser und deutete dabei auf das durchbohrte Löwenfell.
„Nein. Niemals kann ich gut heißen, was du getan hast. Aus welchen Gründen auch immer."
„Diese Antwort habe ich erwartet. Du bist schwach. Viel zu schwach. Leider habe ich das zu spät erkannt."
Jali erwiderte, noch immer mit dem wurfbereiten Speer in seiner erhobenen Hand:

„Ich mag noch jung sein und ich mag in deinen Augen auch nicht hart genug sein. Aber eines weiß ich: Niemand darf den Clan wie du führen und über Leben und Tod bestimmen."
Raak lächelte verschmitzt.
„Auch du nicht?", fragte er herausfordernd und trat einen Schritt auf Jali zu. Dieser spannte seine Muskeln und machte sich bereit zum Wurf.
„Du willst mich töten? Dann tu es. Vielleicht bringe ich es dir ja doch noch bei!"
Raak ging erneut einen Schritt nach vorne. Jali zögerte noch immer. Jetzt wäre der richtige Augenblick für den Speerwurf gekommen. Dies war der schwache Punkt in seinem Plan.
„Du kannst es nicht." Raak blieb triumphierend stehen, breitete seine Arme aus und sprach weiter.
„Du kannst mich nicht töten und willst der Anführer des Clans sein! Niemals wärst du mit Bilg fertig geworden, du Schwächling. Nur mit meiner Hilfe hättest du den Clan führen können."
Raak griff unter seinen Fellumhang und holte eine lange, in Holz geschäftete Hornsteinklinge hervor. Erneut ging er auf Jali zu. Für diesen wurde es höchste Zeit zu handeln. Er zog sich in die Höhle zurück und verschwand in der Dunkelheit.
Raak folgte ihm. Jali war im Vorteil, denn er war schneller. Doch Raak war zu allem entschlossen. Nur einer von beiden würde die Höhle lebend verlassen.

❋

Aro trat aus der Erdmenschenhöhle. Mit einer Handbewegung grüßte er Krah, der am Feuer saß und Nachtwache hielt. Die kalte, frische Luft tat Aro gut. Weit unten im Tal sah er den Fluss ruhig im Mondlicht dahinfließen. Irgendwo in der Nähe hörte er den Ruf einer Eule. Er setzte sich auf einen großen, flachen Stein in der Nähe des wärmenden Feuers.

Er hatte schon einiges über die Sitten und Gebräuche der Erdmenschen gelernt. Manches war ungewohnt, aber in vielen Dingen unterschieden sich die Erdmenschen nicht von den Clanmenschen. Sie machten Jagd auf die großen Tiere und teilten die Beute gerecht. Selbst Aro, der die Jäger des Clans früher nur ungern begleitete, ging nun regelmäßig mit auf die Jagd. Schnell hatten die Erdmenschen seine Gabe bemerkt, die Tiere aufzuspüren und nutzten sie nun für ihre Zwecke.

Auch die Frauen nahmen an der Jagd teil, da die Erdmenschen sich fast nur von Fleisch ernährten und nur wenig Nüsse und Beeren sammelten. Zudem erforderte ihre Jagdtechnik mehr Beteiligte als bei einer Clanjagd. Meist trieben die Frauen die Jagdtiere durch lautes Geschrei in einen Hinterhalt. Dort warteten die Männer mit ihren langen, dicken Speeren und spießten die heranstürmenden Beutetiere auf. Sie rammten die Speere fest in den Boden und ließen die Beute in den Speer laufen.

Anfänglich wunderte sich Aro über diese gefährliche Art zu jagen, denn oft verletzte sich dabei ein Jäger. Knochenbrüche und Prellungen waren keine Seltenheit. Doch die Erdmenschen waren zäh und erholten sich selbst von schwersten Verletzungen. Dabei half ihnen das Wissen der Alten über die heilende Wirkung der Pflanzen.

Im Gegensatz zu den Behauptungen in den Geschichten des Clans wurden die Alten respektvoll behandelt und gut versorgt. Aber Aro hatte ohnehin nie an diese Geschichten geglaubt.

Auch im Umgang mit ihren Toten unterschieden sich die Erdmenschen von den Clanmenschen. Starb ein Erdmensch, so wurde er in eine Grube gelegt und mit Erde bedeckt. Dies entsprach den Gepflogenheiten des Clans. Handelte es sich aber bei dem Verstorbenen um eine besonders wichtige und angesehene Person, so wurde das Grab nach einigen Monden wieder geöffnet und der Schädel des Toten nach der Verwesung herausgenommen. Der auf diese Art entfleischte Schädel wurde in der Höhle der Erdmenschen aufgebahrt. Der Geist des Toten, so behaupteten die Erdmenschen, beschütze so die Lebenden.

„Kannst du nicht schlafen?", unterbrach Krah die Gedanken Aros. Aro hatte die Sprache der Erdmenschen schnell gelernt und verstand ihn gut.
„Ich finde keine Ruhe. Etwas ist nicht in Ordnung. Ich fühle es."
„Was ist nicht in Ordnung?", fragte Krah.
Aro atmete tief ein.
„Ich mache mir Sorgen um einen Freund. Er ist in Schwierigkeiten."
„Was ist mit deinem Freund?", fragte Krah nach.
Aro erzählte ihm von seinen Befürchtungen.

Leise ging Aro zurück in die Höhle. Das Gespräch mit Krah hatte ihn etwas beruhigt. Als er zu seinem Schlafplatz ging, sah er in die Gesichter der Schlafenden.
Was würde wohl geschehen, wenn diese Menschen auf die Menschen des Clans treffen würden? Würden sie friedlich nebeneinander leben können?
Wohl kaum. Niemals würden Männer wie Bilg oder Frauen wie Roda diese Menschen neben sich dulden.
Aros Blick fiel auf die Frau, die sich kürzlich so sehr für ihn interessiert hatte. Ein Lächeln huschte über sein Gesicht. Seit diesem Vorfall hatten sich ihre Blicke schon oft zufällig getroffen. Sie suchte förmlich, so hatte er den Eindruck, mit ihren Augen nach ihm. Vorsichtig hob er das warme Fell und schlüpfte zu der Frau. Zuerst wollte sie schreien, dann aber erkannte sie ihn.

❃

Jalis Augen hatten sich schnell an die Dunkelheit gewöhnt. Er sprang geschickt über das am Boden liegende Geröll und war bald in der großen Halle angekommen. Eine schwach brennende Fackel erleuchtete den Raum spärlich. Er hatte sie für diesen Augenblick vorbereitet.
Lange hatte er über einen Fluchtplan nachgedacht – denn ihm war klar gewesen, dass Raak kommen würde um ihn zu töten. Was sich daraus ergeben würde, war ihm allerdings nicht klar. Erst jetzt begann er darüber nachzudenken, dass eine Flucht vor Raak keine Lösung sein konnte. Hätte er ihn doch töten sollen?
Jali warf seinen Speer auf den glitschigen Höhlenboden und nahm die Fackel, hielt kurz inne und orientierte sich. Mit seinen Augen tastete er die Höhlenwand ab. Ja, da war die Stelle, an der der Gang abzweigte. Schnell verschwand Jali in dem engen Gang. Er hatte ihn schon bei seinem ersten Besuch mit Aro entdeckt, er führte über eine zweite Halle und einen weiteren engen Gang an einer anderen Stelle hinaus ins Freie. Dieser zweite Höhlenausgang war weitaus kleiner als der erste, durch den sie die Höhle betreten hatten. Außerdem war er durch ein dichtes Gestrüpp von außen beinahe unsichtbar. Durch diesen Ausgang wollte Jali die Höhle verlassen. Das würde ihm Raak gegenüber genügend Vorsprung verschaffen, der, wie Jali hoffte, in der Dunkelheit der Höhle nur langsam vorankam.
Während er rannte, fasste er einen Entschluss: Er wollte zurück zum Lager des Clans flüchten und den Menschen die Wahrheit über Raak berichten. Sie würden ihm vielleicht glauben – alles Weitere würde sich ergeben. Das war die einzige Möglichkeit, die Jali sah.
Er blieb kurz stehen und horchte. Nichts war zu hören – wahrscheinlich hatte Raak noch nicht einmal die Abzweigung hierher entdeckt. Und als Jali nach vorne blickte, sah er bereits das Tageslicht als schwach glimmenden Punkt in der Dunkelheit. Hastig stolperte er auf diesen Punkt zu.

Vorsichtig bog er die Zweige zur Seite und trat ins Freie. Gerade wollte er loslaufen, als er einen dumpfen Schlag auf seinen Hinterkopf verspürte. Dann verlor er das Bewusstsein.

Nur wenige Augenblicke später kam er wieder zu sich. Er hörte Raaks schrille Stimme an sein Ohr dringen.
„Hast du geglaubt, du könntest mich durch diese List täuschen? Ich kenne diese Höhle genauso gut wie du. Ich wusste, dass du an dieser Stelle wieder herauskommst. Ich brauchte nur auf dich zu warten." Jali öffnete die Augen und sah in das wutverzerrte Gesicht Raaks. Dieser saß auf seiner Brust und hatte seine Hände um Jalis Hals gelegt. Raak spannte seine Finger um Jalis Hals mit einer Kraft, die man bei dem alten Mann nicht mehr vermutet hätte. Erneut drohte Jali das Bewusstsein zu verlieren. Doch er kämpfte verzweifelt mit seinem ganzen Willen gegen den herannahenden Tod. Er versuchte seine Arme zu heben und sich zur Wehr setzen, aber es gelang ihm nicht.
Jali wurde schwindlig, in seinem Kopf drehten sich die Bilder und Gedanken im Kreis. Gesichter tauchten vor ihm auf, er erkannte Bilg und Noor unter ihnen. War er bereits bei den Toten? Sie schienen ihm etwas sagen zu wollen, sie bewegten ihre Lippen. Doch er hörte ihre Worte nicht. Plötzlich tauchte auch Aro auf und schob die anderen zur Seite. Er beugte sich vor und hielt seinen Mund an Jalis Ohr. Obwohl Aro schrie, konnte Jali die Worte nur undeutlich hören.
„Schlag zu! Schlag zu!"
Jali nahm noch einmal seine ganze Kraft zusammen und schlug zu.

Der Schlag musste Raak gut getroffen haben, denn dieser sackte zusammen und bewegte sich nicht mehr.
Jali rang nach Luft. Raaks Körper hing schlaff über dem seinen und erschwerte ihm das Atmen. Er rollte Raaks Körper zur Seite.

Raak atmete schwer und er blutete stark an der Schläfe. Jali hatte ihm mit einem Stein so heftig gegen den Kopf geschlagen, dass Raak das Bewusstsein verloren hatte.

*

„Schlag zu!", schrie Aro verzweifelt.
Dann spürte er einen Schlag gegen seine Rippen und wachte sofort auf.
„Du hast geträumt", beruhigte ihn die Frau neben ihm. Dann drehte sie sich wieder um und schlief weiter.
Hellwach starrte Aro an die Höhlendecke und versuchte seinen Traum zu fassen, bevor er sich wie Nebel in der Morgensonne auflöste.
Schlag zu!
Seine letzten Worte an den sterbenden Jali klangen in seinem Kopf nach. Jetzt erst bemerkte Aro den Druck an seiner Kehle. Es fühlte sich an, als ob ihm jemand die Luft abgedrückt hätte. Verunsichert blickte er um sich, aber die Erdmenschen schliefen fest. Nur aus dem hinteren Teil der Höhle waren scharrende Geräusche zu hören. Sie kamen von den Ratten, die sich an den Knochen der letzten Malzeit zu schaffen machten.
Hatte er nur geträumt? Nein, dazu war alles zu real gewesen. Jali hatte mit dem Tod gekämpft und hatte nach ihm gerufen. Er hatte Jalis Geist noch ein letztes Mal in seinen Körper zurück gezwungen und ihm eine einfache Botschaft eingehaucht: Schlag zu!

*

Zedeg fixierte die zwei schwarzen Punkte auf der weißen Schneefläche schon seit geraumer Zeit. Nun war er sich sicher.
„Sie kommen zurück!"

Sofort suchten die anderen mit ihren Augen das Gelände ab.
„Ja“, ergänzte Roda, „aber einer von ihnen ist verletzt und wird von dem anderen auf einer Bahre gezogen. Wir müssen ihnen helfen.“
Schnell eilten sie Jali und Raak entgegen. Alle wollten wissen, ob Raak das Versteck der Erdmenschen gefunden hatte. Denn Raak hatte ihnen bei seinem Fortgang erklärt, dass er sich mit Jali treffen müsse, da dieser vom Löwengeist den Aufenthaltsort der Erdmenschen erfahren würde.

Jali war müde und am Ende seiner Kräfte. Er hatte Raak gefesselt und auf eine Bahre gelegt. Raak blutete aus seiner Wunde am Kopf und hatte das Bewusstsein verloren. Als Jali die Menschen kommen sah, ließ er die Bahre fallen und setzte sich in den Schnee.
„Was ist passiert?“, fragte ihn Roda und blickte verwundert auf den gefesselten Raak.
„Ich habe ihn niedergeschlagen, weil er mich töten wollte. Er täuscht euch. Was er euch auch gesagt hat, ihr dürft ihm nicht glauben.“
Die Menschen des Clans, die nun fast alle herbeigeeilt waren, blickten sich verständnislos an. Was sollte das?
Gemeinsam gingen sie zurück ins Lager und legten Raak, der völlig unterkühlt war, an das wärmende Feuer. Bald waren alle im großen Zelt versammelt. Roda versorgte die Kopfwunde Raaks. Sie nahm heiße Steine aus der Feuerstelle und legte sie in einen Lederbeutel mit Wasser. Mit dem so erwärmten Wasser wusch sie die Wunde aus. Dann zerkaute sie ein Stück Birkenrinde und legte den Brei auf die gesäuberte Wunde. Zuletzt verband sie seinen Kopf mit langen Rindenstreifen von frisch geschnittenen Weidenruten. Schweigend sahen ihr die anderen zu.

„Seine Verletzung ist nicht schlimm“, sagte Roda. „Er wird bald wieder zu sich kommen.“
Jordun wandte sich an Jali: „Was ist passiert?“
Jali erzählte ihnen, was in den letzten Tagen geschehen war. Erstaunt hörten die Menschen des Clans ihm zu. Sie wollten ihm nicht glauben, bis Roda in den Sachen Raaks den Fellbeutel mit den Kräutern fand. Auch sie kannte die Kräuter und wusste um deren todbringende Wirkung.
„Er hat uns alle belogen. Damit hat er Bilg getötet. Er soll sterben. Sofort!“, schrie Roda die anderen an und zeigte auf den bewusstlosen Raak.
„Nein, Roda. Schluss damit“, fuhr ihr Jali ins Wort. „Wir sollten warten, bis er zu sich kommt. Und wir sollten hören, was er dazu sagt.“
Roda verstand ihn nicht. Raak hatte sie alle hintergangen und er sollte dafür sterben. Sie war bereit, ihn hier und jetzt zu töten. Hilfe suchend wandte sie sich an die Männer:
„Was ist los mit euch? Habt ihr Angst vor diesem alten Mann?“
Zedeg beruhigte sie und deutete auf Raak.
„Bilg war mein Bruder, auch ich will seinen Tod. Aber so soll er nicht sterben. Er soll gesund werden. Danach wollen wir ihn töten!“
Roda gab nach. Dann würde sie eben warten.
Doch Jali wusste, dass es nicht so weit kommen würde.

Nach einigen Tagen ging es Raak wieder besser. Alle gingen ihm aus dem Weg, und auch er selbst sprach mit niemandem.
Er wusste nun, dass er keine Macht mehr über die Menschen hatte. Sein Zorn nagte an ihm. Bald würden diese elenden Schwächlinge über sein weiteres Schicksal entscheiden, so viel zumindest hatte er aus den Gesprächen, die er belauscht hatte, heraushören können.

Eines Morgens war er verschwunden. Er hatte seine Waffen und ein paar Felle mitgenommen und war geflohen. Jali war nicht überrascht, denn er hatte ihn im Halbdunkel des Morgengrauens dabei beobachtet. Er ließ es zu, denn es war besser so. Es wäre nicht gut gewesen, Raak zu töten. Niemand aus dem Clan durfte ein anderes Clanmitglied töten.
Raak würde sich selbst richten, denn ohne den Schutz und die Hilfe der Gruppe, da war sich Jali sicher, würde Raak da draußen sowieso nicht lange überleben können.

❋

Als die Frühjahrssterne an der richtigen Position standen, war es an der Zeit zum Aufbruch. Die Menschen des Clans trafen ihre Vorbereitungen für den Weg zum Feuerberg, auf dem nach alter Gewohnheit das Frühlingsfest stattfand. Jali entschloss sich, seine Löwenmenschfigur zurückzulassen. Er wollte nicht, dass sie die Menschen der anderen Clans sahen. Noch nicht. So legte er sie in den hinteren Teil der von Bilg entdeckten Höhle. Der Clan würde, da war er sich sicher, im Laufe der Zeit wieder einmal an diesen Ort zurückkehren. Die Elfenbeinfigur würde so lange auf ihn warten.

In diesem Jahr führte Jarik den Clan auf dem Weg zum Feuerberg. Früher hatte dies Raak getan, aber niemand wollte sich an ihn erinnern und niemand sprach von ihm.
Auf der Hochfläche kamen sie nur langsam voran, denn trotz der schon starken Sonne schüttelte sie der Wind erbarmungslos hin und her. Immer wieder blieben die Kinder zurück. Aber sofort wurden sie von ihren Eltern vorwärts geschubst, denn eine Rast wurde von Jarik nicht geduldet. Nur einmal wurde eine kleine Pause gemacht, als Roda ein paar Schneehühner entdeckte. Solch

eine Gelegenheit durfte man sich nicht entgehen lassen, denn jetzt im Frühjahr begannen die Schneehühner mit der Balz. In dieser Zeit waren sie besonders unvorsichtig. Ein geübter Jäger konnte sich den balzenden Vögeln bis auf wenige Schritte nähern und sie mühelos erlegen. Brütende Hennen saßen sogar so fest auf ihren Nestern, dass man sie mit der Hand fangen konnte.
Jarik war schließlich der erste, der den Lagerplatz am Feuerberg in der Ferne erblickte. Er blieb stehen, wartete, bis alle zu ihm aufgeschlossen hatten, und wies auf einen schroffen Hügel am Horizont.
„Noch niemand von den anderen Clans ist da. Wir sind die ersten in diesem Jahr."

Wie schon früher war Jali von der Ausstrahlung des Ortes überwältigt. An einem Hang am Rande der Hochebene gelegen, gab der Platz den Blick auf eine weite Ebene frei, in der ein breiter Fluss gemächlich dahin floss. Am Ufer des Flusses hielt sich eine Mammutherde auf, Jali konnte sie in der Ferne gerade noch erkennen. Später, wenn alle Clans beisammen waren, würden sie sicher Jagd auf die Tiere machen. Es war eine gute Gelegenheit für die Jäger, ihre Kräfte zu messen und ihren Mut zu beweisen.
Jali blickte noch weiter in die Ferne. Am Horizont erhoben sich die schneebedeckten Berge, die man nur bei gutem Wetter sehen konnte. Aus den Erzählungen von Raak wusste Jali, dass nur wenige Tagesmärsche von hier das Land der großen Gletscher begann.
Alle legten ihr Gepäck ab und sofort wurde mit dem Aufbau der Zelte begonnen. In kurzer Zeit hatten die geübten Hände ihr Werk vollbracht. Dann sammelten die Frauen und Kinder Holz für das große Feuer. Die Männer durchstreiften die nähere Umgebung auf der Suche nach Beute. Wenn sie Glück hatten und etwas erlegten, konnten sie die ankommenden Clans mit einem

Essen begrüßen. Das würde das Ansehen des eigenen Clans beträchtlich steigern.
Jali blieb am Lagerplatz zurück. Er wollte die Zeit der Ruhe nutzen, um sich auf die kommenden Ereignisse vorzubereiten. Er war sich sicher, dass dieses Fest nicht so verlaufen würde, wie er es sich vorstellte. Eine Veränderung lag in der Luft.
Am späten Nachmittag kam der Clan der Fallensteller an. Alle sprachen aufgeregt miteinander und erkundigten sich bei ihren Bekannten nach den Geschehnissen des vergangenen Jahres. Man hatte sich viel zu erzählen. Am Abend des gleichen Tages erreichte der Clan der Sumpfmenschen den Lagerplatz.
Jali fiel das Mädchen sofort auf. Er war hingerissen von jeder ihrer Bewegungen und konnte seine Augen nicht von ihr lassen. Als sie ihn plötzlich mit ihren grünen Augen fixierte, fiel ihm erst auf, dass er sie unentwegt angestarrt hatte. Peinlich berührt blickte er zur Seite.
Später fragte er seine Tante, die seit vielen Jahren im Clan der Sumpfmenschen lebte, nach dem Namen des Mädchens. „Neda", bekam er von seiner lachenden Tante zur Antwort.
Die Nacht brach herein und Holz wurde in das Feuer geworfen. Die Funken tanzten wild in den schwarzen Nachthimmel hinein. Jali saß in Gedanken versunken am Feuer, als ihm Kus, die neben ihm saß, ihren Ellenbogen in die Seite stieß.
„Setz dich doch zu ihr, anstatt sie nur anzustarren", sagte sie mit einem Lächeln auf den Lippen.
„Ist es so auffällig?", fragte Jali und fühlte sich erneut ertappt. Er hatte sich absichtlich ein wenig weiter weg von dem Mädchen gesetzt, damit sie seine Blicke nicht bemerkte. Aber an Kus hatte er bisher nicht gedacht.
„Es ist sehr auffällig", sagte Kus und schmunzelte. „Was hast du in deinen Gedanken mit ihr gemacht?"
Jali war verwirrt. Hatte sie seine Gedanken gelesen?

Sie zeigte mit ihrem Finger auf eine Stelle in der Dunkelheit. „Ich warte dort drüben auf dich. Aber lass mich nicht zu lange warten. Und bring ein paar Felle mit, es ist kalt.“ Sie stand auf und verschwand in der Dunkelheit.
Wenig später entfernte sich auch Jali in diese Richtung.

Als sich Jali und Kuls sich wieder trennten, setzte sich Jali zu dem fremden Mädchen aus dem Sumpfclan. Zu sehr interessierte sie ihn.

Die Männer des Sumpfclans schmiedeten Pläne. Auch sie hatten bei ihrer Ankunft die Mammutherde im Tal bemerkt. Aber es war bereits zu spät für eine Jagd. Doch am nächsten Morgen würden sie sofort losziehen.
In der Nähe des Flusses, so besprachen sie sich, würden sie ein Tier in den Uferschlamm treiben und töten. Vielleicht würden sich die Männer der anderen Clans an der Jagd beteiligen. Aber nur unter ihrer Führung. Denn sie, die Männer des Sumpfclans, hatten die größte Erfahrung mit dieser Art der Jagd. Aufgeregt malten sich die Männer die Achtung und Ehre aus, die ihnen eine erfolgreiche Jagd bei den Menschen der anderen Clans einbringen würde. Man würde bis zum nächsten Frühlingstreffen von ihnen sprechen!

„Was habt ihr da drüben gemacht?“
Jali hatte sich kaum gesetzt, als das fremde Mädchen ihm diese Frage an den Kopf warf. Aber er ließ sich dadurch nicht aus der Ruhe bringen.
„Du hast mich beobachtet?“, fragte er und lächelte. „Wie heißt du?“
„Neda. Ich heiße Neda“, antwortete sie. „Aber du hast doch schon deine Tante nach meinem Namen gefragt.“

Ihre letzte Bemerkung ließ erkennen, dass er tatsächlich sehr beobachtet wurde.
„Und wie heißt du?“, fragte sie ihn.
„Mein Name ist Jali.“
„Ich habe von dir gehört“, stellte sie fest. „Du bist der neue Anführer des Jägerclans. Die Menschen sprechen über dich, sie erzählen erstaunliche Dinge über dich.“ Sie hob ihre Hand. „Aber bilde dir nichts ein! Das beeindruckt mich nicht. “
„Ich will dich nicht beeindrucken. Ich möchte mich mit dir unterhalten.“ Erneut lächelte er sie an. „Erzähl mir vom Leben in eurem Clan.“
Noch lange saßen Neda und Jali am Feuer. Sie bemerkten nicht mehr, was rings um sie her geschah. Sie hatten nur noch Augen und Ohren für sich.

Jali bemerkte den Streit erst, als die Männer der Clans sich bereits anschrien. Die Männer des Jägerclans und des Fallenstellerclans wollten sich bei der kommenden Jagd den Sumpfmenschen nicht unterordnen. Aber die Jäger des Sumpfclans bestanden auf ihrer Führungsrolle. Ein Wort hatte das andere ergeben und sie waren darüber in Streit geraten. Blitzschnell reagierte Jali und stellte sich zwischen die aufgebrachten Männer.
Für einen kurzen Moment hielten die Streithälse inne. Diesen Augenblick nutzte Jali. Scharf fuhr er Zedeg an, der bereits seinen Speer in seiner Hand hielt.
„Weg mit dem Speer!“
Zedeg gehorchte.
„Was soll das?“, fragte Jali schroff.
Zedeg blickte zu den Männern des Sumpfclans hinüber und sagte:
„Sie wollen uns erklären, wie wir zu jagen haben.“
Jali rief Roda zu sich und fragte sie:
„Wer ist für die Jagd dort unten am Fluss am besten vorbereitet?“

Roda wich den Blicken der streitlustigen Männer aus und sagte: „Die Männer aus dem Sumpf. Sie sind es gewohnt so zu jagen."
Jali fuhr herum und fragte die Männer:
„Habt ihr gehört, was sie gesagt hat? Bringt es euch Ehre, gegen die Regeln der Jagd zu verstoßen? Morgen gehen die Sumpfmenschen voran, weil so unsere Aussicht auf Beute am größten ist. Und sind wir erfolgreich, so gehören das Fleisch und die Ehre allen."
Zedeg stieß seinen Speer in die Erde. „Für dieses eine Mal sollen sie uns anführen. Es ist das Beste für uns alle."
Langsam löste sich die Anspannung und die Männer ließen sich wieder am Feuer nieder.
„Jetzt verstehe ich, warum alle von dir sprechen", sagte Neda zu Jali, als dieser sich wieder zu ihr setzte.

Die Sonne ging auf und die Männer standen fröstelnd um das Feuer herum. Sie warteten auf eine Nachricht der Späher, die noch vor Sonnenaufgang losgeschickt worden waren, um einen geeigneten Platz für die Jagd zu erkunden.
Die wärmende Sonne hellte die Laune der Männer auf, und sie begannen sich erneut über die kommende Jagd zu unterhalten.
Jali lag noch auf seinem Schlaflager im Zelt des Jägerclans. Aber er war bereits wach und hörte den Männern am Feuer zu. Er hatte sich entschlossen, an der Jagd teilzunehmen. Nach dem Vorfall am Abend wollte er unbedingt dabei sein.
Das Gespräch am Feuer wurde lebhafter und Jali hörte die Stimme eines zurückgekehrten Spähers. Es war Barimor, ein Mann aus dem Clan der Sumpfmenschen.
„Die Tiere haben die Nacht in der Nähe des Flusses verbracht. Sie stehen in der Nähe einer Landzunge, die in den Fluss hineinragt."
Sofort stand Jali auf. Barimors Bericht wollte er sich nicht entgehen lassen.

Als er aus dem Zelt ans Feuer trat, war der Späher gerade dabei, mit einem Holzstock die Umrisse der Landzunge auf dem Boden zu skizzieren.
„Wir müssen die Tiere auf die Landzunge treiben.“ Mit seinem Holzstock zeichnete Barimor den Weg der Mammuts nach. „Das Ufer dort ist flach und schlammig. Vielleicht bleibt ein unvorsichtiges Tier stecken.“
Die Männer stimmten dem Plan zu.
„Wie sollen die Tiere auf die Landzunge getrieben werden?“, wollte Zedeg wissen.
„Wir sammeln nasses Moos und entzünden hier Feuer. Wir brauchen viel Rauch, um die Tiere zu erschrecken.“ Barimor zeigte mit seinem Stock auf einen Punkt auf der Zeichnung am Boden.
„Die Tiere werden dem Feuer ausweichen und auf die Landzunge flüchten.“
„Sie werden bemerken, dass es dort nicht weitergeht“, wandte Zedeg ein. „Auch wenn ein Tier im Schlamm stecken bleibt, die anderen werden wütend zurückstürmen und uns zertreten. Das ist gefährlich.“
Barimor hob langsam seinen Kopf und erwiderte: „Ich habe nicht gesagt, dass es ungefährlich ist. Du kannst ja im Lager bleiben.“
Die Zornesröte stieg Zedeg ins Gesicht.
„Zedeg hat Recht. Die Gefahr zu sehen ist kein Zeichen von Schwäche“, griff Jali ein. „Wir müssen uns auf die zurückstürmenden Tiere vorbereiten.“
Barimor musterte Jali argwöhnisch. Aber Jali sprach unbeeindruckt weiter.
„Ich habe einen Plan. Seht her…“, Jali streckte seine Hand aus und verlangte nach dem Holzstock Barimors. Zögernd übergab ihn dieser an Jali.
„Wir werden hier am Ufer vor den Tieren in den Schlamm ausweichen!“

Sofort brach Unruhe unter den Männern aus.
„In den Schlamm?“, fragte Barimor ungläubig. „Wir werden wie die Tiere darin stecken bleiben und sterben!“
„Nicht wenn wir vorsorgen“, entgegnete ihm Jali. Er zerbrach den Holzstab in fingerlange Stücke und legte diese dann der Länge nach auf der Zeichnung Barimors aus.
„Wir fällen dünne Bäume und legen mit ihnen einen Pfad in den Schlamm. Darauf können wir den Tieren ausweichen. Sie werden uns nicht folgen, denn dazu sind sie viel zu schwer.“
Barimor schüttelte den Kopf. „Es wird nicht klappen. Es ist viel zu gefährlich.“
Jali musterte Barimor und sagte: „Ich habe nicht gesagt, dass es ungefährlich ist. Du kannst ja im Lager bleiben!“
Barimor ballte seine Hand zur Faust. Gespannt warteten die umstehenden Männer auf eine Reaktion von ihm. Würde er Jali angreifen? Aber Barimor erinnerte sich seiner eigenen Worte an Zedeg. Plötzlich lachte er herzlich und seine Faust entspannte sich wieder.
„Du bist klug. Gut. So werden wird es machen.“ Er wandte sich um und wies den Hang hinunter ins Tal. „Ich bin an einem Kiefernwäldchen vorbeigekommen. Dort können wir die nötigen Stämme schlagen.“
Schnell hatten die Männer ihre Waffen beisammen und gingen los. An der Spitze gingen Barimor und Zedeg.
Jali blickte zurück zu den Frauen, er hielt Ausschau nach Neda. Ihre Blicke trafen sich, auch sie hatte seine Augen gesucht. Er erblickte auch Kus. Doch sie interessierte sich nicht mehr für ihn. Sie lachte und winkte Barimor zu.

Auf dem Weg ins Tal kamen die Männer an dem Kiefernwäldchen vorbei. Es bestand aus kleinen und knorrigen Bäumen, einige von ihnen waren schon verdorrt und umgestürzt. Sie nahmen

acht Baumstämme mit, jeweils zwei Männer schulterten einen etwa speerlangen Stamm.
Dann machte sich die Gruppe auf den Weg in Richtung der Stelle, an der Barimor die Mammuts gesehen hatte. Dabei mussten die Männer immer wieder riesigen Schmelzwasserpfützen ausweichen, in denen noch große Eisbrocken schwammen.
Dann sichteten sie die Tiere. Die jüngeren Jäger waren sehr aufgeregt, denn die Herde setzte sich in Bewegung und kam langsam auf sie zu. Das war nicht eingeplant. Es war nur eine Frage der Zeit, bis die Tiere sie bemerken würden. In solchen Augenblicken vermisste Jali die Gegenwart Bilgs. Er hätte in einer Situation wie dieser sofort die Führung übernommen und alle wären ihm ohne Bedenken gefolgt. Aber Bilg war nicht mehr da. So fasste Jali einen Entschluss und sprach leise zu Barimor:
„Lass uns Schutz in der Senke dort drüben suchen. Für den Augenblick sind wir dort sicher. Wir müssen uns beraten."
Barimor nickte und wies die Männer mit einer Handbewegung an, in der Senke in Deckung zu gehen.
Gebannt starrten die Jäger über den Rand der Senke, während Jali mit Barimor und Zedeg sprach.
„Wir müssen sofort das Feuer entfachen und die Tiere zu der Halbinsel zurücktreiben", sagte Zedeg.
Barimor war nicht einverstanden. „Sie sind schon zu weit weg von der Landzunge. Wir würden mit dem Feuer nichts erreichen."
Die Männer am Rand der Senke wurden immer unruhiger. Auch Jali blickte kurz über den Rand. Die Tiere kamen immer näher.
„Wir haben nicht mehr viel Zeit. Bald sind die Tiere hier."
Barimor und Zedeg blickten sich an – jetzt musste schnell gehandelt werden.
„Wir müssen uns zurückziehen, bevor es zu spät ist", sagte Barimor.

Zedeg stimmte Barimor zu und sie wollten gerade den Jägern die Anweisung zum Rückzug geben, als sie von Jali zurückgehalten wurden.
„Wartet. Es gibt noch eine andere Möglichkeit. Aber ihr müsst mir vertrauen!"
Barimor und Zedeg blickten ihn erwartungsvoll an.
„Die Tiere sind ruhig. Ich spüre es. Wir sollten hier in der Senke bleiben und die Tiere an uns vorüberziehen lassen."
„Aber die Tiere bewegen sich genau auf uns zu!", sagte Barimor mit Entsetzen in seinen Augen.
Auch die anderen Männer hörten mittlerweile gespannt dem Gespräch zu.
„Ja", bestätigte Jali, „aber wenn wir uns ruhig verhalten, werden sie uns nicht angreifen. Wenn sie an uns vorüber gezogen sind, gehen die Männer mit den Stämmen voraus zur Halbinsel und legen sie in den Schlamm. Die anderen greifen die Tiere an und reizen sie. Vielleicht können wir wie Bilg ein Tier dazu bringen uns zu verfolgen. Wir", er deutete auf Barimor, Zedeg und sich selbst, „locken es in den Schlamm und es bleibt stecken."
Jalis Worte verfehlten ihre Wirkung bei Zedeg nicht. Die Erinnerung an Bilg ließ Zedegs Mut über seine Vorsichtigkeit siegen.
„Die Männer des Jägerclans bleiben hier", sagte Zedeg bestimmt.
Die angesprochenen Männer nickten und wandten sich wieder dem Rand der Senke zu, um nach den Mammuts Ausschau zu halten. Die Männer des Sumpfmenschenclans und des Fallenstellerclans waren noch unentschlossen.
„Wir bleiben alle hier", sagte Barimor und versuchte die Männer bei ihrem Ehrgeiz zu packen. Er wandte sich an die Unentschlossenen: „Wir können die Jagd nicht allein dem Jägerclan überlassen. Wir laufen nicht davon." Aber seine Stimme verriet seine Angst.
Kein Mann verließ die Senke. Gebannt starrten die Jäger auf die unaufhaltsam näher kommenden Tiere. Der Boden vibrierte

unter ihren mächtigen Füßen. Im Notfall konnten die Männer noch davonlaufen, die meisten von ihnen würden sicher mit dem Leben davonkommen. Doch was wäre das für eine Rückkehr ins Lager!

Jali atmete tief und ruhig. Er hörte in sich hinein. Bald wusste er nicht mehr, ob die dumpfen Schläge von seinem Herz oder von den Tritten der Mammuts herrührten. Er spürte keine Feindseligkeit. Jali war überzeugt: Die Tiere würden ruhig bleiben und einfach vorüberziehen.

Mit einer Hand zupfte er an Barimors Fellumhang und flüsterte: „Sieh doch!"

Barimor blickte in die angegebene Richtung und staunte, wie er noch nie gestaunt hatte. Ohne zu atmen starrte er auf eine riesige Mammutkuh, die in einer Entfernung von etwa drei Speerlängen gemächlich an ihnen vorbeitrottete. Ihre Stoßzähne waren so dick wie junge Bäume und so lang wie drei Männer. Die Zähne verliefen zuerst vom Kopf weg nach außen, um sich dann in einem schwungvollen Bogen nach innen zu wenden. Direkt hinter dem Kopf trug das riesige Tier ein dickes Fettpolster unter dem Fell.

Noch nie hatte Barimor ein so mächtiges Tier aus der Nähe gesehen.

Dann trat das ein, vor dem sich Barimor in diesem Augenblick am meisten fürchtete: Die Kuh blieb stehen. Ihr großes, von Haarzotteln fast bedecktes Auge heftete sich auf Barimor, so als ob das Tier seine Angst spüren konnte.

Sofort kniff Barimor die Augen zusammen und erstarrte. Sein ganzer Körper verkrampfte sich und eine Gänsehaut wanderte seinen Nacken hinauf. In diesem Moment spürte er Jalis beruhigende Hand auf seiner Schulter. Allmählich wich seine Angst. Er begann wieder ruhig zu atmen, und als er seine Augen wieder öffnete, war die Mammutkuh bereits weiter gezogen.

So wie Barimor erging es fast allen Jägern. Sie sahen das Tier am Rand der Erdmulde stehen und kämpften mit der Angst. Wenn jetzt einer von ihnen davongelaufen wäre, hätten ihm alle folgen müssen, denn dann hätte die Mammutkuh angegriffen. Doch nichts dergleichen war geschehen. Sie konnten ihr Glück kaum fassen, als das mächtige Tier einfach weiter zog!

Noch lange würde man sich an den Lagerfeuern der Clans von diesen Augenblicken erzählen.

Aber es sollte noch besser kommen.

Die Jäger waren froh darüber, mit dem Leben davongekommen zu sein. In ihrer Aufregung hätten sie fast ihren eigentlichen Plan vergessen.

„Tragt die Stämme zum Flussufer und legt einen Pfad in den Sumpf", ermahnte sie Jali. „Dann verlasst ihr den Uferbereich und versteckt euch dort drüben." Mit seinem ausgestreckten Arm deutete er auf ein Weidengebüsch in Richtung des Feuerberges. „Wenn ein Tier im Sumpf steckt, kommt ihr uns zu Hilfe."

Die Männer machten sich mit den Baumstämmen davon. Keiner beneidete Barimor, Zedeg und Jali um ihre Aufgabe.

„Jali deutete auf eine noch nicht ausgewachsene Mammutkuh, die am Schluss der Herde ging. „Der Abstand zwischen der Kuh und der Herde ist groß. Das ist gut für uns. Lasst uns diese Kuh angreifen."

Zedeg und Barimor nickten zustimmend. Es konnte losgehen.

„Ich werde ihre Aufmerksamkeit auf mich ziehen", sagte Jali. „Ihr haltet euch mit euren Speeren etwas Abseits." Mit seinen Armen formte Jali einen Halbkreis. „Die Kuh wird uns nur dann in den Sumpf folgen, wenn sie sehr verärgert ist. Es wird nicht reichen, ihr nur einen Stein an den Kopf zu werfen."

„Wir werden sie damit reizen", erwiderte Zedeg und nahm seinen Speer in die Hand.

„Das sollte genügen, um sie zornig zu machen", fügte Zedeg hinzu und hob ebenfalls seinen Speer vom Boden auf.

„Aber es muss schnell gehen. Sonst wird die alte Leitkuh auf uns aufmerksam und die ganze Herde wendet sich gegen uns“, ergänzte Jali.
In schnellem Lauf schlossen sie zu der Herde auf und holten das am Ende der Herde trottende Tier ein. Jali nahm einen Stein in die Hand und schleuderte ihn, so wie er es bei Bilg gesehen hatte, nach dem Tier. Die Kuh blieb stehen, drehte sich um und stellte ihre Ohren auf. Wütend stieß sie die Luft durch ihren Rüssel aus und machte einen Schritt nach vorn. Aber sofort blieb sie stehen und blickte sich nach ihren Artgenossen um. Ihre Aufgabe war es, die vor ihr gehenden Jungtiere zu schützen und sie war nicht gewillt, den zweibeinigen Winzling anzugreifen. Dazu war er zu unscheinbar und stellte keine Gefahr dar. Doch nun näherte sich Zedeg dem Tier von der Seite. Aber es bemerkte ihn und wandte sich ihm zu. Das Mammut drohte mit erhobenem Rüssel, bewegte sich aber immer noch nicht von der Herde weg.
Die Zeit wurde knapp. Schon interessierten sich ein paar Nachzügler am Ende der Herde für das Geschehen. Wenn auch sie sich nun gegen die Jäger wenden würden, war nur noch an eine schnelle Flucht zu denken.
In dem Augenblick, in dem Zedeg die Aufmerksamkeit des Tieres auf sich zog, schnellte Barimor vor, warf seinen Speer und rannte sofort wieder weg. Der Speer traf das Tier in die Seite. Nun war es genug! Zornentbrannt stürmte die Kuh los.
Jali, Barimor und Zedeg rannten in Richtung des Flusses davon. Es war nicht sehr weit und rechtzeitig erreichten sie das schlammige, mit Gras bewachsene Ufer. Sie retteten sich auf den ausgelegten Baumstämmen in den sumpfigen Uferbereich. Die junge Mammutkuh blieb am Ufer stehen und blies zornig nach vergärtem Gras stinkende Luft aus. Die gesamte Herde blieb nun stehen und verharrte gespannt.

Die Kuh folgte ihnen nicht in den Sumpf. Hatte sie bereits so viel Erfahrung und kannte die Gefahr?
Misstrauisch beäugte sie Zedeg, als dieser ihr auf den Stämmen ein Stück entgegenkam. Kraftvoll warf Zedeg seinen Speer, der sich mit Wucht in das Fettpolster oberhalb des Kopfes bohrte. Doch die Mammutkuh blieb unbeeindruckt. Mit ihrem Rüssel packte sie den Schaft des Speeres, riss ihn heraus und schleuderte ihn in das Wasser.
Auch Barimor kam näher, zielte und warf seinen zweiten Speer. Die Waffe traf das Tier direkt in sein rechtes Auge. Es schrie auf, schüttelte seinen zottigen Kopf und tobte voll Zorn und Schmerz. Und dann geschah, was sich die Jäger ersehnten. In blinder Wut stürmte die Kuh nach vorne. Sie wollte diese Zweibeiner zermalmen! Aber schon nach wenigen Schritten versank sie mit ihren Vorderbeinen im Uferbereich des Flusses. Schnaufend, mit Kopf und Rüssel wild um sich schlagend, wand sie sich im Schlamm. Sie war gefangen. Es gab kein Entrinnen mehr.
Nun näherte sich auch die Herde. Geführt von der erfahrenen alten Leitkuh kamen die Tiere schnell näher. Doch das alte Tier kannte die Gefahr und hielt gebührenden Abstand. Sie wusste, dass die Kuh im Schlamm verloren war. Die Tiere schnaubten wütend und scharrten mit ihren gebogenen Stoßzähnen am Boden. Mit jeder ihrer Bewegungen versank die gefangene Kuh vor den Augen der Jäger tiefer im Schlamm. Ihre Vorderbeine waren bereits nicht mehr sichtbar und der massige Körper neigte sich zur Seite.
Die versteckten Jäger erkannten, dass die drei Männer im Sumpf nun ihre Hilfe brauchten. Sie verließen ihr Versteck und lenkten die Aufmerksamkeit der Herde auf sich. Der Abstand zwischen ihnen und der Mammutherde war zu groß, als dass die Herde eine Gefahr für sie darstellen konnte. Doch die Männer verunsicherten die Herde mit ihrem Geschrei so, dass die Leitkuh sich

davonmachte. Die anderen Tiere folgten ihr und ließen ihre dem Tod geweihte Artgenossin zurück.
Als die Herde abgezogen war, näherten sich auch die Jäger dem gefangenen Tier, dem ein qualvoller Tod bevorstand. Aus sicherer Entfernung warfen die Männer ihre Speere auf das Tier, doch nur wenige drangen durch das dicke Fell und verletzten es ernstlich. Als alle Speere geworfen waren, nahmen die Jäger Steine und schleuderten sie auf den Kopf des Tieres. Am Ende, als seine Lebenskraft durch die vielen Treffer geschwunden war, legte das Tier seinen Kopf zur Seite und wehrte sich nicht mehr.
Mit der Hilfe vieler Hände wurde das Tier zerlegt und zum Feuerberg geschafft.

Das folgende Festmahl dauerte mehrere Tage, schon morgens wurde Fleisch gebraten und gegessen. Es musste schnell und viel gegessen werden. Die Menschen lebten im Überfluss, sie waren satt und glücklich.
Am Feuer wurde immer wieder die Geschichte der Jagd erzählt, von der anfänglichen Rivalität der Jäger war nichts mehr zu hören. Die gemeinsame Jagd hatte sie geeint, und mehr als je zuvor hatten sie das Gefühl zusammen zu gehören.
Nur Jali hielt sich bei den Erzählungen über die gelungene Jagd zurück. Die meisten hielten seine Zurückhaltung für Bescheidenheit, und so stieg das Ansehen Jalis noch mehr. Was hatte der Clan der Jäger nur für ein Glück, solch einen Anführer zu haben!
Aber Neda bemerkte Jalis Traurigkeit.
„Kannst du dich nicht mit uns freuen?“, fragte sie Jali und deutete auf die rings um sie sitzenden Menschen. Sie aßen, lachten und unterhielten sich.
„Natürlich freue ich mich. Aber…“ Er wusste nicht, wie er es erklären sollte. „Gestern haben sie gestritten, und heute, wenn sie

zu essen haben, sind sie wieder Freunde. Sie sind wie Kinder."
Neda blickte ihn erstaunt an. Was hatte er? Das Benehmen der Jäger war in ihren Augen normal. Es war noch nie anders gewesen.

„Du verstehst mich nicht", sagte Jali. „Niemand kann das verstehen."

„Du erinnerst mich an Dor, unsere Heilerin. Sie redet manchmal auch so wie du."

Jali wurde hellhörig. Was war das für eine Frau?

„Wo ist sie? Zeig sie mir."

Neda musste ihn enttäuschen. „Sie begleitet unseren Clan nicht mehr auf das Frühlingsfest. Sie ist mit den Alten im Lager zurückgeblieben."

„Warum will sie nicht hierher? Erzähl mir von ihr", forderte Jali sie auf.

„Ich weiß nicht viel von ihr. Die Männer fürchten und ehren sie, sie behaupten, dass sie Macht über die Tiere habe. Auch die Frauen gehen ihr aus dem Weg, sie ist nicht sehr gesprächig. Oft beschimpft sie die Männer und Frauen wegen ihrer Dummheit. Aber sie ist eine gute Heilerin, deshalb hören die Menschen auf sie. Sie ist bei den Alten im Lager geblieben, um sie zu versorgen. Sie sagt, sie könne auf das Geprahle der Männer und das neugierige Geschwätz der Frauen gerne verzichten. "

Das alles erinnerte Jali ein wenig an Raak.

„Beschreibe sie mir."

„Als ich noch klein war, nahm sie mich manchmal auf ihren Schoß und spielte mir etwas auf ihrer Flöte vor. Das hat mir sehr gefallen."

„Was ist eine Flöte?", fragte Jali erstaunt. Neda überlegte. Wie sollte sie das erklären?

„Sie hat mehrere davon. Eine hat sie aus dem Knochen eines Schwans gefertigt, ich habe ihr dabei zugesehen. Sie hat Löcher in den Knochen gebohrt. Wenn sie den Knochen an ihren Mund hält und die Löcher mit den Fingern zuhält, kann sie viele verschiedene Töne damit erzeugen."

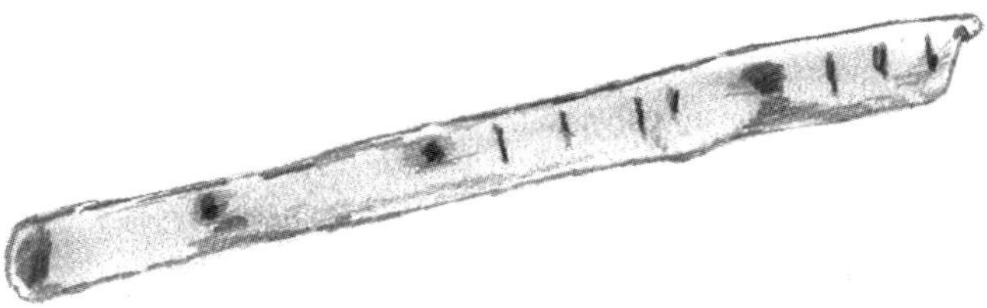

Knochenflöte aus dem Geißenklösterle

So etwas hatte Jali noch nie gehört! Noch lange unterhielten sie sich in dieser Nacht über die Heilerin aus Nedas Clan. Er konnte gar nicht genug über sie erfahren.

✵

Die gemeinsame Zeit am Feuerberg ging zu Ende. Es war ein großes, ereignisreiches Treffen gewesen, von dem noch lange gesprochen werden würde.
Als die letzten Vorbereitungen für den Rückweg getroffen worden waren, versammelten sich die Menschen noch einmal um das bereits niedergebrannte Feuer in ihrer Mitte. Denn es gab ein Problem, das noch geklärt werden musste: Kus wollte den Clan der Jäger verlassen und in den Sumpfklan wechseln. Sie wollte mit Barimor zusammenleben, denn die beiden waren sich näher gekommen. Aber nach alter Tradition musste vom Sumpfclan für sie ein Ersatz gegeben werden. Aber niemand fand sich in diesem Jahr für den Tausch.

„Es geht nicht. Wir können es nicht erlauben“, sagte Zedeg zu Barimor. Alle um das Feuer Versammelten schwiegen. Es war eine ernste Sache. Die Liebe zweier Menschen stand gegen den althergebrachten Brauch der Clans.
„Es muss gehen. Sie will mit mir zusammenbleiben“, erwiderte Barimor gereizt. Aber nur zu gut wusste er um die Aussichtslosigkeit seines Vorhabens.
„Der Clan der Jäger hat in letzter Zeit schon zu viele Menschen verloren“, erinnerte ihn Zedeg. „Bilg ist tot. Und auch Raak haben wir verloren. Wir können auf Kus nicht verzichten. Wenn sie einen Mann aus unserem eigenen Clan nimmt, wird sie uns viele gesunde Kinder gebären.“ Bei diesen Worten blickte Zedeg nach Jali. Hatte er Jalis Abenteuer mit Kus bemerkt?
„Aber die Kinder von Kus sollten meine Kinder sein!“, erwiderte Barimor zornig. Er wollte sich nicht damit abfinden.
„Was würdest du dafür tun?“, fragte ihn Jali, der dem Gespräch aufmerksam zugehört hatte. Alle warteten gespannt auf Jalis Meinung zu dem Problem.
„Viel“, antwortete Barimor. „Aber was nutzt mir das?“
„Würdest du den Sumpfclan verlassen und zu uns in den Clan der Jäger kommen?“
Barimor war verwirrt. „Kein Mann wechselt in den Clan der Frau“, entgegnete er, „so geht es nicht!“
Jali blieb hartnäckig: „Würdest du?“
„Ich würde“, antwortete Barimor. „Aber auch mein Clan wird seine Zustimmung nicht geben, da sie keinen Ersatz für mich erhalten.“
„Ich werde in den Sumpfclan wechseln“, sagte Jali.
Niemand hatte diesen Schritt erwartet. Niemand, außer Neda. Denn nur sie wusste von Jalis großem Interesse an der Heilerin. Und vielleicht, so hoffte sie, interessierte er sich auch ein wenig für sie.

Da Jali während der Mammutjagd sein Geschick hinreichend unter Beweis gestellt hatte und auch Barimor als guter Jäger bekannt war, wurde der Tausch von beiden Clans akzeptiert. Es war ja auch der ausdrückliche Wunsch von Jali und Barimor.
Als sich die Menschen voneinander verabschiedeten, nahm Barimor Jali beiseite.
„Das werde ich dir nie vergessen“, sagte er.
Jali lachte ihn an und sagte nur: „Auch die Fallensteller haben schöne Frauen. Vielleicht habe ich ja auch etwas von dem Wechsel in deinen Clan.“
Barimor berührte Jali an der Schulter. „Wir werden es beim nächsten Treffen sehen“, antwortete er und lachte.
Sie umarmten sich und gingen ihrer Wege. Ein ereignisreiches Jahr lag hinter Jali, aber das kommende Jahr, davon war Jali überzeugt, würde nicht weniger ereignisreich werden.

❋

Langsam humpelte der alte Mann aus dem Schatten der Bäume. Dabei stützte er sich mit beiden Armen auf einen langen Stock. In den letzten Tagen hatte er von seinem Versteck aus das Treffen der Clans am Feuerberg beobachtet. Nichts war ihm dabei entgangen. Vor allem die Ereignisse um Jali hatte er mit Aufmerksamkeit verfolgt. Am Ende des Treffens war Jali mit dem Clan der Sumpfmenschen in deren Heimat abgezogen, ein anderer Mann hatte im Tausch gegen Jali in den Jägerclan gewechselt.
„Ich werde dich auch in der Heimat der Sumpfmenschen finden“, murmelte der Alte, während er sich an der großen Feuerstelle nach etwas Essbarem umsah. Er griff nach einem Knochen und säuberte ihn nur notdürftig von der anhaftenden Asche. Sein Hunger war weit größer als sein Ekel. Er nickte und wiederholte den schon einmal gesprochenen Satz, so als ob er sich selbst da-

mit Mut einflößen müsste: „Ich werde dich auch in der Heimat der Sumpfmenschen finden."
Nachdem er den Knochen abgenagt hatte, warf er ihn verächtlich in die abgebrannte Feuerstelle. „Wie eine Hyäne muss ich eure Reste fressen." Drohend hob er die geballte Faust. „Ich, der ehemalige Anführer des Jägerclans!"
Der alte Mann öffnete seine Hose und urinierte in die Feuerstelle. Damit entweihte er sie und machte sie nach alter Tradition für eine weitere Verwendung unbrauchbar. Er hasste nicht nur Jali, er hasste den ganzen Clan der Jäger. Sie alle hatten zugelassen, dass er von Jali aus dem Clan verbannt worden war. Diese Strafe war gleichbedeutend mit dem Tod. Und das alles wegen einer alten, nutzlosen Frau, dachte er.
Nachdenklich lächelte er und starrte dabei auf seine dreckige Hand. Fast konnte er nicht glauben, was er sah. „Ich lebe immer noch", flüsterte er vor sich hin und drehte seine Hand. Dabei bewegte er seine Finger unter seinem staunenden Blick.
„Ihr habt euch getäuscht. So schnell sterbe ich nicht."
Der Hass erhielt ihn am Leben. Der Hass gab ihm Kraft. Und wenn er genau überlegte: Er hasste nicht nur die Menschen des Jägerclans, er hasste alle Menschen.
Noch einmal blickte er sich um, dann humpelte er davon. Es war ein langer Weg, aber er würde es schaffen.

❋

Sommer 1939

Der Mann ließ seine Schaufel fallen und wischte sich mit seinem Taschentuch über die Stirn. Dabei blickte er auf den imposanten weißen Jurakalkfelsen über ihm und dachte nach.

„Leck mich am Arsch“, murmelte er nach einer Weile, und steckte das schweißgetränkte Tuch zurück in seine Hosentasche. Die anderen Grabungshelfer, meist ortsansässige Bauern, hoben erstaunt ihre Köpfe. Solch ein Verhalten kannten sie von Anton nicht.

Die Stimmung war an diesem Morgen, ganz im Gegensatz zu sonst, nicht gut. Erst gestern hatten sie die Arbeit an der Höhle nach einer zweiwöchigen Pause, in der sie die Ernte von ihren Feldern eingebracht hatten, wieder aufgenommen.

Im Eingangsbereich der Höhle konnten die Grabungshelfer die meiste Zeit im Schatten arbeiten, denn der Eingang der Höhle wies nach Norden. Mit Pickeln und Schaufeln entlockten sie unter der Leitung eines Tübinger Anatomieprofessors dem Erdreich seine Geheimnisse. Alle hatten bisher mit Begeisterung gearbeitet, denn in den letzten beiden Jahren hatten sie bedeutende Funde gemacht. Die Funde waren wichtig für das Deutsche Reich, denn den Funden aus Frankreich und Spanien sollte endlich etwas aus Deutschland entgegengesetzt werden. Aus diesem Grund reichte das Interesse an der Grabung bis in die höchsten Stellen des Staates.

Aber heute Vormittag waren die Männer nicht bei der Sache. Immer wieder legte einer der Männer die Schaufel oder den Pickel aus der Hand, stand nachdenklich herum oder sprach mit seinem Nachbar. Ihre Gedanken und Gespräche kreisten immer wieder um dasselbe Thema: Krieg. Die Älteren hatten bereits im Weltkrieg gekämpft, sie sahen der Zukunft mit Sorge entgegen. Die da oben konnten viel über Blut und Ehre schwafeln, wenn es

hart auf hart kam, dann verreckten die kleinen Leute im Schützengraben.
Die Betroffenheit war groß, als der örtliche Grabungsleiter Otto Völzing, der während der fast ständigen Abwesenheit des Professors die wissenschaftliche Leitung der Grabung übernommen hatte, den Männern von seinen Einberufungsbescheid zur Wehrmacht erzählte. Allen war klar, dass die Grabung nun beendet werden musste.
So kam es, dass die Funde des vorletzten Grabungstages am Hohlenstein, dem 25 August 1939, eilig in Zigarrenkisten verpackt und ungesichtet verschickt wurden. Die Grabung wurde abgebrochen, wenige Tage später brach der Krieg aus.

Winter 1969

Joachim Hahn war froh darüber, dass er hier in Ulm, wenn auch nur für kurze Zeit, eine Arbeit gefunden hatte. Nicht gerade ein Traumjob, aber immerhin hatte die Arbeit überhaupt etwas mit seiner Ausbildung als Archäologe zu tun. Zusammen mit zwei Studenten war er mit Inventarisierungsarbeiten im Ulmer Museum beauftragt worden.
Er werde, so die Worte der Museumsleiterin, für Inventarisierungsarbeiten bezahlt, und nicht für die wissenschaftliche Auswertung der Funde. Aus diesem Grund konnte Hahn seine wissenschaftliche Neugier, zumindest das wurde ihm zugestanden, erst nach dem Ablauf seines regulären Arbeitstages befriedigen. Deshalb war es schon spät am Abend, als Hahn auf dem Dachboden des Ulmer Museums eine Zigarrenkiste aus der Grabung am Hohlenstein öffnete.

Ein handgeschriebener Zettel lag in der Zigarrenkiste. Auf dem Zettel stand: August 1939.

„Interessant", murmelte er vor sich hin, als er den Inhalt der Kiste betrachtete. „Schaut mal her", sagte er etwas lauter zu den Studenten, „das ist Elfenbein."

Er zeigte auf ein etwa fingerlanges Stück aus Mammutelfenbein mit deutlich erkennbaren Ritzungen darauf.

„Bearbeitungsspuren", ergänzte einer der Studenten. Das Interesse war geweckt. Sie begaben sich mit der Zigarrenkiste an einen kleinen Tisch, auf dem sie die die Elfenbeinstücke auslegten.

Je mehr Zeit verging, desto begeisterter arbeiteten die drei Archäologen. Anfänglich hielten sie den Fund für den Griff eines Hornsteinmessers, doch immer mehr Stücke passten aneinander und ergaben eine menschliche Statuette. Konnte es sein, dass die Ausgräber 1939 dies nicht bemerkt hatten? Waren sie die Ersten, die die Stücke aneinander hielten und zu einem Ganzen verklebten? Einem Ganzen, das vor über dreißigtausend Jahren zuletzt ein Mensch gesehen hatte?

Nach mehreren Stunden fieberhafter Arbeit lag vor ihnen auf dem Tisch eine etwa 30 cm große Figur. Deutlich erkennbar war trotz der fehlenden Teile ein menschlicher Körper. Leider fehlte der größte Teil des Kopfes der Figur, aber ein Ohr war noch gut erhalten. Es war, so vermutete Hahn, das Ohr einer Löwin.

Klassenfahrt

„Sie sind ja immer noch da", hörte ich eine Stimme hinter mir sagen. Ich drehte mich um und sah Rebecca. Sie stellte sich neben mich und wir bestaunten gemeinsam den Inhalt der Vitrine.
„Ist schon ein geiles Teil", stellte sie fest und deutete mit einer leichten Kopfbewegung auf die Figur. „Wie alt soll die sein?"
„Du hast vorhin nicht zugehört", ermahnte ich sie.
Erst vor ein paar Minuten war die Führung durch die archäologische Abteilung des Museums zu Ende gegangen.
„Etwa 32.000 Jahre", antwortete ich ohne die Augen von der Figur abzuwenden.
„Warum haben die damals wohl so etwas geschnitzt?", fragte sie weiter. Anscheinend hatte sie wirklich nicht gut zugehört, denn diese Frage war während der Führung durch Herrn Wehrberger ausgiebig diskutiert worden. Letztlich ließe sich, so lautete die fachkundige Auskunft, darauf keine Antwort finden.
„Das würde mich auch interessieren", antwortete ich ihr.
„Sie haben ja auch nicht aufgepasst", triumphierte Rebecca.
Ich ließ den Kopf hängen und atmete tief durch.
„Wo ist denn der Rest der Klasse?", erkundigte ich mich.
„Die haben keine Lust mehr auf den alten Kram. Ich glaube, die sind einen Kaffee trinken gegangen."
„Und warum bist du noch hier?", fragte ich etwas erstaunt.
„Ich wollte die Figur noch einmal sehen. In aller Ruhe."
Ein paar Augenblicke standen wir schweigend vor der Vitrine und staunten einfach nur.

Fakten und Hintergründe

Altsteinzeitforschung in den Höhlen der Schwäbischen Alb

In den Höhlen der Schwäbischen Alb, insbesondere im Lonetal und im Achtal, wird seit über 140 Jahren immer wieder nach den Spuren des eiszeitlichen Menschen gegraben. Die teils spektakulären Funde aus den Höhlen dieser Täler haben weltweite Berühmtheit erlangt. Die folgenden Seiten sollen den Leserinnen und Lesern einen Überblick über die Forschungsgeschichte verschaffen. Die an den hier angeschnittenen Themen näher interessierten Leserinnen und Leser werden auf die Quellen verwiesen.

Oskar Fraas (1824-1897)
Bild: Staatliches Museum für Naturkunde Stuttgart

Die urgeschichtliche Forschung in Baden-Württemberg begann mit **Oskar Fraas** (1824-1897). Fraas studierte in Tübingen Theologie, Geologie und Paläontologie. Da sich in der Mitte des 19. Jahrhunderts die noch junge Wissenschaft der Archäologie erst zu etablieren begann, entschied sich Fraas entgegen seiner Neigung für die Theologie. Er trat 1850 eine Pfarrstelle in der Nähe von Balingen an, nicht zuletzt um seine in eben dieser Zeit gegründete Familie zu ernähren. In Balingen nutzte er seine Liebe zur Geologie und zur

Paläontologie zum Wohle seiner verarmten Gemeindemitglieder, in dem er, wie er sich selbst ausdrückte, aus Steinen Brot erschuf: Er bestimmte die von seinen Albbauern auf ihren steinigen Äckern gesammelten Fossilien und verkaufte sie an wohlhabende Sammler. Seine eigentliche Berufung ließ Fraas jedoch nicht los.

1855 gab er sein Pfarramt auf und arbeitete, die ersten zwei Jahre ohne Gehalt, als Konservator im Königlichen Naturalienkabinett in Stuttgart. Während der geologischen Landaufnahme von Württemberg untersuchte Fraas 1861 auch den Hohlenstein im Lonetal, wo er im Erdaushub eines Fuchsbaus Zähne und Knochen des Höhlenbären entdeckte. Er entschloss sich zu einer Grabung. Zu jener Zeit waren die revolutionären Ideen Darwins von der Entstehung der Arten und die damit zusammenhängenden Konsequenzen für das hohe Alter des Menschengeschlechts noch nicht bis auf die Schwäbische Alb vorgedrungen, und so hatte Fraas bei seiner Grabung nur Augen für Bärenknochen. Rückblickend schilderte Fraas sich selbst als mit Blindheit geschlagen, denn viele Hinterlassenschaften des eiszeitlichen Menschen gingen unerkannt durch seine Hände. Diese seiner Meinung nach zufälligen Gebilde wanderten auf den Abraum, mit dem nach der Grabung die Höhle wieder aufgefüllt wurde. Erst fünf Jahre später, bei der Ausgrabung einer Rentierjägersta-

Die Höhlen des Hohlensteins: Bärenhöhle (rechts) und Stadel (links)

tion im Federseegebiet, wurde Fraas auf Werkzeuge des Eiszeitmenschen aufmerksam. Noch im selben Jahr kehrte er an den Hohlenstein zurück und untersuchte den Abraum seiner ersten Grabung erneut. Auch dort fand er jetzt durchlochte Tierzähne und Werkzeuge. Für Fraas war nun klar: Unsere Vorfahren lebten zeitgleich mit Bär, Löwe und Mammut.
Nicht nur im Hohlenstein im Lonetal, auch im Hohle Fels bei Schelklingen grub Fraas nach Resten der eiszeitlichen Tiere. Bei seiner Grabung im Hohle Fels im Jahr 1871 wies Fraas einen Phosphorsäureanteil von fast 20% in den Grabungsschichten nach, was er auf die Verwesung der in der Höhle verendeten Tiere zurückführte. Aus diesem Grund verwendeten die Bauern der umliegenden Gegend den Höhlenboden schon geraume Zeit als Dünger auf ihren Feldern.

Mit der Annahme einer Gleichzeitigkeit von Mensch und Mammut machte sich der Langenauer Förster Ludwig Bürger (1844-898) allerdings keine Freunde. Für seine Funde aus dem Lonetal bekam der Förster von der archäologischen Fachwelt den wissenschaftlichen Blattschuss.
Der Streit um Bürgers Funde spiegelt, sozusagen in kleinem Maßstab, die Ereignisse nach der Entdeckung der berühmten Skelettreste aus dem Neandertal wieder.

Ludwig Bürger (1844-1898)
Bild: Höhleninteressengemeinschaft Ostalb

Durch die Funde von Fraas angespornt, grub Bürger 1883 in einer anderen Lonetalhöhle, dem Bockstein. Er fand die Skelettreste einer Frau und eines Kindes, begraben in einer Tiefe von etwa 90 cm unter dem Niveau des Höhlenbodens.

Die Bocksteinhöhle

In seinem Bericht betonte Bürger(1) ausdrücklich, dass der Fund von einer dicken, ungestörten Lehmschicht bedeckt war und nahm dies als Beleg für das hohe Alter der Skelettreste. Bürger wurde in seiner Einschätzung durch den bekannten Bonner Anthropologen Prof. Dr. Hermann Schaaffhausen bestätigt.

Doch eben dieser Schaaffhausen wurde von der wissenschaftlichen Fachwelt seit seiner Beurteilung der Neandertalerfunde argwöhnisch beobachtet, denn er hielt den Schädel aus dem Neandertal nicht für ein krankhaft verändertes Exemplar des modernen Menschen, sondern für einen Beleg einer ausgestorbenen Menschenart. Und diese Menschenart, so behauptete Schaaffhausen, könne durchaus zusammen mit den eiszeitlichen Tieren zusammengelebt haben.

Der aufgestaute Unmut der Fachwelt brach sich vor allem durch Rudolf Virchow Bahn. Virchow (1821-1902), der sich mit Schaffhausen in einem erbitterten Streit über die Neandertalfunde befand, bezweifelte auch ein hohes Alter des Bürgerschen Fundes. Er glaube nicht, so höhnte er, dass die Frau aus dem Bockstein eine Mammutmelkerin gewesen sei.(2)

Der Pfarrer der Gemeinde Öllingen, in deren Besitz sich die Bocksteinhöhle noch heute befindet, steuerte 1899 seine ganz eigene Interpretation der Skelette bei. Der Pfarrer entdeckte im Kirchenbuch der Gemeinde einen Eintrag aus dem Jahr 1739, der besagte, dass eine im dritten Monat schwangere Selbstmörderin ihre letzte Ruhe nicht auf dem Friedhof von Öllingen, sondern in einer Höhle im Lonetal gefunden hatte. Das Problem war gelöst. Die Zweifler am hohen Alter der Skelettreste sahen sich bestätigt.

Das Lonetal beim Bockstein

Erst im Jahr 1997 wurden bei einer Auslagerung einiger Magazinbestände des Ulmer Museums die bisher als verschollen geltenden Skelettreste des Kindes wieder aufgefunden. Auf Veranlassung von **Kurt Wehrberger** (Ulmer Museum) wurden die Knochen einer Altersbestimmung unterzogen und der Fall noch einmal untersucht.(3) Lange nach seinem Tod wurde Ludwig Bürger auf diesem Weg rehabilitiert, da die Altersbestimmung mithilfe der C-14-Methode eine spätmesolithische Zeitstellung (ca. 6000 v. Chr.) belegte.

1931 grub **Gustav Riek** (1900-1976) in nur wenigen Monaten die ebenfalls im Lonetal gelegene Vogelherdhöhle aus. Die Grabung erfolgte schnell und war erfolgreich, förderte sie doch einen menschlichen Schädel und die weltweit bekannten Vogelherdfiguren zu Tage. Riek soll so vernarrt in die Figuren gewesen sein, dass er sie mit in sein Grab nehmen wollte.
Der ebenfalls von Riek in aurignacienzeitlichen Schichten der Vogelherdhöhle gefundene Schädel eines modernen Menschen galt lange Zeit als ein Beleg dafür, dass der moderne Mensch der Schöpfer der Eiszeitkunst war.
Wie Bürger gab auch Riek an, die Menschenreste in unberührter Schichtfolge vorgefunden zu haben. Aber während die Fachwelt dem Förster Ludwig Bürger nie Glauben schenkte, wurden die Aussagen Rieks bis vor kurzem nicht hinterfragt.
Eine neue Datierung der Skelettreste vom Vogelherd im Jahr 2004 lieferte ein unerwartetes Ergebnis: Sie sind nur etwa 5000 Jahre alt.
Anscheinend wurde der Schädel bei der Grabung 1931 nicht richtig zugeordnet und entstammt einer jungsteinzeitlichen Grablegung, die bis in Aurignacienschichten hinabreichte.
Deswegen davon auszugehen, dass Neandertaler die Schöpfer der Kunstwerke vom Vogelherd waren, wäre aber falsch. Aufgrund der Fundlage im europäischen Aurignacien kommen dafür nach wie vor nur moderne Mensch in Frage.

Vielleicht hatte Riek bei seiner Grabung ja noch mehr übersehen? Dies fragte sich das Ausgrabungsteam um **Nicholas J. Conard** vom Institut für Ur- und Frühgeschichte der Universität Tübingen, das seit 2005 den Abraum vor der Vogelherdhöhle durchsucht. Und sie wurden fündig. Im Jahr 2006 wurde die erste vollständig erhaltene Elfenbeinschnitzerei, eine Mammutfigur, bei Nachgrabungen im Vogelherd gefunden. Conard hatte zuvor schon durch seine Grabungen im Hohle Fels bei Schelklingen für weltweites Aufsehen gesorgt. In Schichten des Aurignacien entdeckte er kleine, aus Mammutelfenbein geschnitzte Figuren: Einen Pferdekopf, einen Wasservogel und ein kleines Mensch-Löwen-Mischwesen. Letzteres legte den Schluss nahe, dass zwischen den eiszeitlichen Menschen des Lonetals und denen des Achtals über eine Distanz von etwa 30 km hinweg kulturelle Verbindungen bestanden haben könnten.(4)

Grabung 2005 am Vogelherd

Robert Wetzel
Bild: Ulmer Museum

Die 1931 von Riek gemachten Funde gaben kurz darauf den Anlass zur weiteren Erforschung des Lonetals. Der Anatomieprofessor **Robert Wetzel** (1898-1962) betrat das weite Feld der Archäologie.

Den neuen nationalsozialistischen Machthabern war daran gelegen, den Funden aus Frankreich und Spanien, den damaligen Zentren paläolithischer Forschung, endlich etwas entgegenzusetzen.

Das politische Interesse versuchte Wetzel, der schon ab 1932 in der Bocksteinhöhle grub, für seine archäologischen Ziele zu nutzen. Doch Wetzel ging trotz seiner guten

Absichten ein für ihn verhängnisvolles Bündnis mit den neuen Machthabern in Deutschland ein.
Oscar Paret(5), der ehemalige Leiter der archäologischen Denkmalpflege am Württembergischen Landesmuseum, beschrieb 1962 anlässlich Wetzels Tod dessen Werdegang in einem Nachruf.
Danach folgte Wetzel 1933 einem Aufruf zum Eintritt in die SA und damit auch in die NADAP. 1934 wurde Wetzel Kulturreferent im Sicherheitsdienst. 1937 trat er, ohne dort Dienst zu tun, in die SS über, die sich sehr für seine Grabungen im Lonetal interessierte. 1938 übernahm er kommissarisch die Stelle des Dozentenführers Tübingen, wurde danach sogar noch Präsident der wissenschaftlichen Akademie Tübingen des NS-Dozentenbundes.

Wetzel grub von 1936 bis zum Ausbruch des zweiten Weltkrieges im Hohlenstein-Stadel. Aus dieser Grabung stammt der ebenfalls weltweit bekannte Löwenmensch, geschnitzt vor etwa 32.000 Jahren aus dem Stoßzahn eines Mammuts.

Der Löwenmensch aus dem Hohlenstein-Stadel
Bild: Ulmer Museum

Allerdings wurde der Löwenmensch nur in seinen etwa 200 Einzelteilen geborgen und später von Wetzel in seiner Bedeutung nicht erkannt. Die Fragmente des Löwenmenschen verschwanden vorerst unbemerkt, verstaut in Zigarrenkisten, im Privatarchiv des Ausgräbers. Später vermachte Wetzel seine Funde der Stadt Ulm.
Erst 1969 gelang es dem jungen Archäologen Joachim Hahn, die Figur zusammenzusetzen.

Nach der Unterbrechung der Grabung durch den Krieg kühlte das Verhältnis zwischen Wetzel und den Nationalsozialisten merklich ab. Nachdem Wetzel sich mehrmals dem Willen der nationalsozialistischen Machthaber widersetzt hatte (er ließ zum Beispiel seine Kinder konfirmieren), wurde er in einem Gutachten als weltanschaulich nicht zuverlässig bezeichnet.
1944 beendete Wetzel schließlich seine Zusammenarbeit mit den Nationalsozialisten. Er schied aus der Partei aus und legte seine Ämter nieder. Doch damit war die Sache für ihn noch nicht beendet. Der Ausgräber des Hohlensteins wurde vom zuständigen Kreisleiter „zur Strafe und Bewährung" zu Schanzarbeiten – Ironie oder Absicht? – am Westwall abkommandiert.
1947 wurde Wetzel schließlich von einer Münchner Spruchkammer als „Mitläufer ohne Berufsbeschränkung" eingestuft. Aber erst 1961 wurde er von der Universität Tübingen offiziell rehabilitiert.
Gustav Riek, der Ausgräber der Vogelherdhöhle, war SS-Angehöriger im Range eines SS-Hauptsturmführers. Aber im Gegensatz zu Wetzel machte im seine Vergangenheit in der Nachkriegszeit weniger Probleme. Erst in jüngster Zeit wurde Rieks Rolle in der NS-Zeit kontrovers diskutiert.(6)

Wie bereits erwähnt, wurde Wetzels bedeutendster Fund erst im Jahr 1969 von **Joachim Hahn** (1942-1997) erkannt, der während Inventarisierungsarbeiten im Ulmer Museum nebenbei den Inhalt der verstaubten Wetzelschen Zigarrenkisten untersuchte. Hahn wurde 1942 in Chemnitz geboren und starb leider noch sehr jung im Jahr 1997. Die Zusammensetzung des Löwenmenschen machte Hahn praktisch über Nacht in der Fachwelt bekannt. Auch weiterhin blieb Hahn der Altsteinforschung treu und erforschte die Höhlen des Achtals. Im Geißenklösterle bei Blaubeuren förderte er 1990 eine Flöte aus dem Knochen eines

Schwans zu Tage. Eine Rekonstruktion der Flöte durch Friedrich Seeberger ergab bei drei Löchern bereits ein Spektrum von sieben verschiedenen Tönen. Bei einer Nachuntersuchung der Funde aus dem Geißenklösterle konnte später eine weitere Flöte aus Mammutelfenbein zusammengesetzt werden.
Die Herstellung dieser Flöte muss im Vergleich zu der ersten Flöte sehr viel komplizierter gewesen sein, denn die Flöte wurde aus zwei Halbschalen gefertigt, die anschließend miteinander verklebt wurden.

Felsenase beim Geißenklösterle

Hohlenstein und Löwenmensch

Wenn man durch das letztere Holz nach Lindenau durchs Lonthal geht, so trift man zur linken Hand am Wege in dem südlichen Gehölze eine merkwürdige Höhle an, die aus vielen Kammern besteht, in welche man aber öfters auf dem Bauche kriechen muß. Das Gestein ist marmorartig, die Plätze geräumig, und haben schon oft Dieben und Räubern zur Wohnung gedient.

Hohlenstein-Stadel, Gemeinde Asselfingen

So beschreibt Johann Herkules Haid 1786 in seinem Buch „*Ulm mit seinem Gebiete*" seinen Eindruck vom Hohlenstein-Stadel. Und auch heute noch wirkt der nach Norden gerichtete, dunkle Höhleneingang auf den Betrachter faszinierend. Doch drehen wir das Rad der Zeit noch einmal ein Stück zurück: Am 25. August des Jahres 1939 fanden der örtliche Grabungsleiter und seine mit Pickeln und Schaufeln arbeitenden Grabungshelfer im Hohlenstein-Stadel etliche Splitter aus Mammutelfenbein.
Die Splitter wurden eiligst in Zigarrenkisten verpackt und nach Tübingen verschickt, da die Grabung wegen des zweiten Weltkrieges abgebrochen werden musste. Der sensationelle Fund blieb vorerst unerkannt.
Die Zigarrenkisten verblieben zunächst in Tübingen als Eigentum des Grabungsleiters Robert Wetzel. Wetzel vermachte diese Funde später der Stadt Ulm, so gelangten die Elfenbeinsplitter, in ihrer Bedeutung noch immer unerkannt, auf den Dachboden des Ulmer Museums.

1968 und 1969 wurde der junge Archäologe Joachim Hahn vom Landesdenkmalamt mit der wissenschaftlichen Aufnahme des umfangreichen Wetzelschen Materials beauftragt, das immer noch ungesichtet in den Zigarrenkisten schlummerte. Bei der Inventarisierung der Wetzelschen Zigarrenkisten erregten einige Bruchstücke aus bearbeitetem Elfenbein die Aufmerksamkeit Hahns. Mit Hilfe von zwei Kollegen gelang es Hahn, aus etwa 200 Fragmenten eine unvollständige Statuette zusammen zu setzten.
Die Figur war vor allem am Rücken und auf der rechten Seite stark beschädigt, aber auch die Kopfpartie war nur unvollständig erhalten. Hahn führte dies auf einen Pickelhieb bei der Grabung 1939 zurück.
Trotz des schlechten Erhaltungszustandes hielt Hahn den Kopf der Figur für einen Löwen- oder Bärenkopf. Eine Verdickung auf der linken Seite des schlecht erhaltenen Kopfes deutete Hahn als Ohr eines Bären oder Löwen. Für einen Tierkopf sprach für Hahn auch die durchgehende Nackenlinie der Figur. Aber seine Interpretation war zu diesem Zeitpunkt noch sehr unsicher und wurde später vor allem von Elisabeth Schmid (Ulmer Museum) angezweifelt. Sie sah in der von Hahn als Ohr gedeuteten Verdickung einen Teil eines weiblichen Kopfschmuckes. Die durchgehende Nackenlinie wurde von Schmid durch die langen Haare einer als weiblich angesehenen Figur erklärt.

Der Streit um das Geschlecht der Figur mutet etwas sonderbar an. Joachim Hahn deutete ein abstehendes, dreieckiges Elfenbeinteil im Schritt der Figur als Penis in hängender Lage. Später schwächte er diese Interpretation ab und sah darin nur noch den Zipfel eines Schurzes. Elisabeth Schmid hingegen deutete eben dieses Stück als Schamhügel einer Frau.
Kurt Wehrberger(7) vom Ulmer Museum äußerte sich dagegen sehr diplomatisch und bezeichnete die Figur als weder männlich noch

weiblich. Seither wird die Elfenbeinschnitzerei aus dem Hohlenstein-Stadel geschlechtslos als Löwenmensch angesprochen.

Bei der Zusammensetzung des Löwenmenschpuzzles ergab sich im Dezember 1972 etwas Neues.(8) Zu diesem Zeitpunkt war Frau Seewald bei Dr. Keller, einem ehemaligen Kollegen des verstorbenen Grabungsleiters Robert Wetzel, zum Nachmittagsplausch eingeladen. Keller übergab ihr ein unbeschriftetes Zellophantütchen, in dem sich einige Fundobjekte befanden.
Unter diesen Objekten entdeckte Frau Seewald einige Elfenbeinfragmente, die eindeutig zum Löwenmensch passten und diesen auch am Hinterkopf ergänzten. Sie legte diese Stücke in den Tresor des Ulmer Museums zum Original des Löwenmenschen.
Bei der erneuten Rekonstruktion der Figur im Jahr 1982 durch Elisabeth Schmid konnte aber nicht nur auf ebendiese Stücke von Wetzels Schreibtisch zurückgegriffen werden. Denn 1974 oder 1975 gab eine unbekannte Frau eine Schachtel, gefüllt mit weiteren Elfenbeinsplittern, im Ulmer Museum ab. Gefunden wurden die Splitter angeblich von einem Jungen, der durch das Höhlengitter geschlüpft war und die Splitter vom Boden aufgelesen hatte. Die Mutter hatte offenbar ihr schlechtes Gewissen geplagt und sie hatte die Funde des Buben im Ulmer Museum abgegeben, ohne ihren Namen zu nennen.
Der Kopf der Figur konnte mit Hilfe dieser Stücke eindeutig als Kopf eines Löwen erkannt werden. Die Figur wurde 1987/88 nochmals von Ute Wolf rekonstruiert, und in dieser Gestalt ist sie seither im Ulmer Museum zu sehen.

Auch in den Höhlen des Achtals wurden Kunstgegenstände aus Elfenbein mit ähnlich hohem Alter gefunden. Eine wie auch immer geartete kulturelle Verbindung zwischen den Menschen aus dem Lonetal und dem Achtal wurde deshalb schon früh vermutet.

Schließlich wurde 2002 bei Grabungen im Hohlefels bei Schelklingen von Nicholas Conard eine dem Löwenmenschen sehr ähnliche, allerdings nur 2,5 cm große und nur schlecht erhaltene Figur entdeckt. Dieser sensationelle Fund aus dem Achtal bekräftigte die Vermutung einer kulturellen Verbindung, wie bereits oben erwähnt, mit den Menschen im Lonetal.

Bei der Interpretation der Elfenbeinschnitzereien gehen die Meinungen weit auseinander. Anfänglich wurden die Schnitzereien als Bestandteil einer altsteinzeitlichen Jagdmagie angesehen. Joachim Hahn(9) hingegen vertrat die These, dass vor allem Tiere dargestellt wurden, die durch ihre Kraft und Aggression faszinierten. Die dargestellten Tiere, so Hahn, wurden nicht auf Grund ihrer Beuteeigenschaften dargestellt.
Diesen Ansatz verfolgte auch **Harald Floss**(10) von der Universität Tübingen, als er sich in einer Umfrage an Menschen wandte, die durch ihren Beruf viel mit Tieren zu tun haben. Auf die Frage, welche Tierarten aufgrund ihrer Kraft besonders hervorstechen, werden auch heute noch die Tiere Löwe, Elefant, Bär und Nashorn genannt, eben jene Tiere, die auch schon in der jüngeren Altsteinzeit am häufigsten dargestellt wurden.
Floss stellte durch die Umfrage aber auch fest, dass ein Zusammenhang zwischen der Aggression eines Tieres und einer künstlerischen Darstellung desselben nicht existiert.

Schamanismus

Die Fähigkeit zur schamanischen Ekstase ist unabhängig von der kulturellen Herkunft eines Menschen und spielte vor allem in jägerischen Kulturen eine wichtige Rolle. Auch noch heute werden von Naturvölkern verschiedene Ekstasetechniken praktiziert. Zudem erlebt im Zuge esoterischer Tendenzen in unserer Gesellschaft ein von Geistheilern geprägtes Stadtschamanentum eine Renaissance.

Die Fähigkeit, sich durch Musik und Tanz in Ekstase zu versetzen, um mit der Welt der Geister in Kontakt zu treten, ist im menschlichen Gehirn verankert.(11)

Dabei betätigt sich ein Schamane durch seine Ekstase als Reisender zwischen verschiedenen Bewusstseinszuständen. Bei diesen Reisen nimmt der Schamane oft die Gestalt eines Tiergeistes an oder wird von einem Tiergeist geleitet.

Gerade die Kulturunabhängigkeit der Ekstasefähigkeit macht eine schamanische Interpretation des Löwenmenschen interessant, bietet sie doch die Möglichkeit, von heute lebenden Jägerkulturen Rückschlüsse auf die geistige Welt der ersten Europäer zu ziehen.

Der Schamane ist ein auserwählter Kontaktmann der Lebensgemeinschaft zur Welt der Geister. Er sichert der Gemeinschaft durch seine Ekstase die Hilfe der Geister bei der Heilung von Kranken, bei der Beeinflussung der Jagdbeute und vielem mehr.

Neue Funde aus dem Achtal, darunter auch ein Wasservogel, passen wie der Löwenmensch in das schamanische Bild der ersten modernen Menschen Europas.

Die Darstellung des Wasservogels, der durch sein Eintauchen den Wechsel in eine andere Wirklichkeit symbolisiert, ist in schamanisch geprägten Kulturen auch heute noch beliebt.

Moderne Menschen und Neandertaler

Seit im Jahr 1856 von Steinbrucharbeitern die Skelettreste eines Urmenschen in der Feldhofer Grotte im Neandertal bei Düsseldorf gefunden wurden, hat sich jede neue Generation von Wissenschaftlern ihr eigenes Bild von diesem Menschen gemacht. Aber oft sagt das Geschriebene mehr über den Wissenschaftler und seine Zeit aus, als über den Neandertaler selbst.
Die erste Beschreibung der Funde stammt von Johann Carl Fuhlrott, einem Lehrer und Naturforscher, der von den Besitzern des Steinbruches zur Begutachtung der Funde herbeigerufen wurde. Fuhlrott vermutete, dass es sich um die Überreste eines Eiszeitmenschen handelte. Doch mit dieser Meinung erntete Fuhlrott nur Hohn und Spott.
Drei Jahre vor dem Erscheinen von Darwins Werk „*Die Entstehung der Arten*", war der Glaube, dass der Mensch durch einen einmaligen Schöpfungsakt Gottes entstanden ist, noch weit verbreitet. Erst im Laufe der Zeit, und nach vielen weiteren Funden, setzte sich die Ansicht durch, dass der Neandertaler eine ausgestorbene Menschenform darstellt.

Der Streit um die Abstammung des Menschen spielt auch bei einem Menschenfund aus der Bocksteinhöhle eine Rolle. Durch die Funde von Oskar Fraas aus dem Jahr 1861 angespornt, grub der Langenauer Oberförster Ludwig Bürger zusammen mit Pfarrer Dr. Friedrich Losch 1883 im Bockstein, wenige hundert Meter vom Hohlenstein entfernt. Er fand die Skelettreste einer Frau und eines Kindes, begraben in einer Tiefe von etwa 90cm unter dem Niveau des Höhlenbodens. In seinem Bericht über den Fund betonte Bürger ausdrücklich, dass der Fund von einer dicken, ungestörten Lehmschicht bedeckt war, und nimmt dies als Beleg für das hohe Alter der Skelettreste.

Bürger wurde in seiner Einschätzung des hohen Alters der Knochen durch den bekannten Bonner Anthropologen Prof. Dr. Hermann Schaaffhausen, der schon das Skelett aus dem Neandertal bearbeitet hatte, bestätigt. Wie bereits oben erwähnt, wurde Schaaffhausen von der wissenschaftlichen Fachwelt seit seiner Beurteilung der Neandertalerfunde, deren Alter er bis in die Zeit der großen Eiszeittiere zurückdatierte, argwöhnisch beobachtet. Man hatte es ihm in Fachkreisen nicht verziehen, dass er urzeitliche Menschenfunde für möglich hielt. Der Ausgang des Streits wurde bereits geschildert.

Auch nach der Anerkennung des Neandertalers spiegeln die Beschreibungen desselben eine tiefe Verunsicherung der Menschen wider. Der Neandertaler erinnert uns daran, dass die Wurzeln der so einzigartig geglaubten menschlichen Kultur nicht allzu tief im Tierreich liegen. Dabei ist der Neandertaler noch nicht einmal unser direkter Vorfahr, sondern ein Verwandter, der sich aus demselben Urahn parallel zu uns entwickelte. Um wenigstens ein klein wenig Einzigartigkeit zu retten, wurde der Neandertaler als primitiver, affenartiger und keulenschwingender Rohling dargestellt. Man distanzierte sich von der ungeliebten Verwandtschaft.

Das Verbreitungsgebiet der Neandertaler erstreckte sich von Europa bis in den Nordirak und nach Usbekistan. Auch in Israel lebten lange Zeit Neandertaler, in einigen Höhlen lassen die Funde eine mehrere zehntausend Jahre andauernde Koexistenz von klassischen Neandertalern und modernen Menschen vermuten.

Die Neandertaler erreichten eine Körpergröße von rund 1,60 Meter und wogen im Schnitt 75 kg. Sie waren sehr muskulös, und ihr Skelettbau war extrem robust. Mit ihrem kompakten Körperbau waren sie optimal an die klimatischen Verhältnisse des eiszeitlichen Europa angepasst. Das durchschnittliche Ge-

hirnvolumen eines Neandertalers lag mit 1500 ccm leicht über dem Hirnvolumen des modernen Menschen.
Um ein Gehirn von diesem Ausmaß aufzubauen und zu unterhalten, war der Neandertaler vor allem auf tierische Proteine angewiesen. Die These vom Neandertaler als geschicktem Großwildjäger wird nicht nur durch Knochenabfälle aus der Neandertalerküche belegt, Messungen der chemischen Zusammensetzung von Neandertalerknochen ergaben auch sehr hohe Stickstoffwerte, die vor allem durch hohen Fleischkonsum erklärt werden. Den Messwerten zufolge übertrafen die Neandertaler in ihrem Fleischhunger sogar Hyänen und Löwen.
Aus der Größe des Gehirns lassen sich nur bedingt Rückschlüsse auf die Intelligenz des Neandertalers ziehen, aber das Sozialverhalten der Neandertaler und religiöse Vorstellungen desselben spiegeln sich in manchen Funden wieder. Es lässt sich belegen, dass Neandertaler Kranke und Verletzte pflegten, denn es wurden verheilte Knochenbrüche an Skeletten entdeckt. Dies ging wohl bis zur dauernden Versorgung von Invaliden. Selten bestatteten die Neandertaler ihre Toten zusammen mit Grabbeigaben. Nicht zuletzt waren sie geschickte Großwildjäger und Werkzeughersteller, was auch die Funde aus der Bocksteinhöhle im Lonetal zeigen.
Auch einfache Schmuckstücke sind vom Neandertaler bekannt. Zähne von Bären wurden durchlocht und als Schmuck um den Hals getragen. Mit einiger Sicherheit konnten die Neandertaler sprechen, wie der Fund eines Zungenbeins aus Israel zu belegen scheint. Dies alles deutet darauf hin, dass die Neandertaler nicht die plumpen, affenartigen Wesen waren, als die sie oft dargestellt wurden. Und trotzdem starben sie gegen Ende der letzten Eiszeit um ca. 27.000 v. Chr. aus, nachdem der moderne Mensch immer weiter nach Europa vordrang.
Dies hatte sicher mehrere Gründe. Neandertaler lebten in kleinen Gruppen in einem dünn besiedelten Europa. Es ist denkbar,

dass der moderne Mensch dem Neandertaler nach und nach die Nahrungsgrundlage entzog und den Neandertaler so in immer entlegenere Regionen zurückdrängte. Ob es zu einem offenen Kampf kam ist nicht sicher. Auch lässt sich nach dem jetzigen Stand der Dinge nicht beurteilen, ob es zu einer Vermischung von Neandertalern und modernen Menschen kam. Gentechnische Untersuchungen sprechen dagegen, Funde von Skeletten mit Merkmalen beider Menschenarten sprechen eher dafür.

In den Höhlen der Schwäbischen Alb lässt sich ein Zusammentreffen von Neandertalern und modernen Menschen bisher nicht nachweisen. Die Fundsituation in den Höhlen der Schwäbischen Alb lässt sogar eher das Gegenteil vermuten.
Zwischen den Schichten des obersten Mittelpaläolithikums (Neandertaler) und des untersten Aurignaciens (moderner Mensch) liegt eine fundfreie Zone. Dies könnte bedeuten, dass der moderne Mensch vor ca. 40.000 Jahren in einen bevölkerungsleeren Raum vorstieß. Oder der Raum war so dünn besiedelt, dass die zu diesem Zeitpunkt noch auf der Schwäbischen Alb lebenden Neandertaler keine bisher nachweisbaren Spuren in den Höhlen hinterlassen haben.
Dies schließt aber nicht aus, dass sich die beiden Menschenformen an anderer Stelle begegnet sind. Denn während die ersten modernen Menschen vor fast 40.000 Jahren auf der Schwäbischen Alb lebten, war das östliche Frankreich in der Gegend von Burgund[(12)] noch nachweislich von Neandertalern besiedelt. Und sowohl der moderne Mensch als auch der Neandertaler legten bei der Beschaffung von Rohmaterial für Steinwerkzeuge Wege von bis zu 150 km zurück.

Von Afrika aus in die Welt: Ein kurzer Abriss der Entwicklung des Menschen

Vor etwa 10 Millionen Jahren änderten sich die klimatischen Bedingungen in Afrika. In den tropischen Gebieten kam es zu ausgeprägten Trocken- und Regenzeiten, in Ostafrika führte die Abkühlung des Klimas zu einer starken Abnahme der Waldgebiete.

In den neu entstandenen Savannengebieten Ostafrikas wurden auch neue Überlebensstrategien notwendig.

Vor etwa 7 Millionen Jahren gingen einige Affen dazu über, sich auf zwei Beinen fortzubewegen. Die ursprünglichen Gründe für die Entstehung des aufrechten Ganges dürfen allerdings nicht mit den erst später sich bemerkbar machenden Vorteilen, wie der Fähigkeit zur Herstellung einfacher Waffen, verwechselt werden. Am Anfang wurde die Zweibeinigkeit sehr wahrscheinlich nur dazu genutzt, um schnell und sicher die Savannengebiete zu überqueren und wieder auf den Bäumen zu verschwinden.

Die zweibeinigen Affen (Australopithecinen) begannen sich im Lauf der Zeit in mehrere Arten aufzufächern. Dabei waren regionale Unterschiede entscheidend für die Ausbildung verschieden verlaufender Entwicklungszweige. Je nachdem in welche Gebiete diese Lebewesen einwanderten, mussten sie sich an andere Bedingungen anpassen.

In einem der Entwicklungszweige vergrößerte sich das Volumen des Gehirns der Individuen. Was diese Vergrößerung auslöste, ist noch unklar. Ein Grund könnte sein, dass die immer komplizierter werdende Sozialstruktur einer Gruppe ein größeres Hirnvolumen nötig machte. Denn die Australopithecinen konnten nur überleben, wenn sie bei der Nahrungssuche und bei der Verteidigung ihrer Beute gegen die großen Fleischfresser zusammenarbeiteten.

In dieser Zeit liegen sehr wahrscheinlich auch die ersten Anfänge einer Sprache und die Verwendung von noch unbehauenen Steinen als Werkzeugen.
Der Verzehr von Fleisch hat die Entwicklung eines größeren Gehirns ebenfalls begünstigt, denn im Gegensatz zu Pflanzenfressern benötigen Fleischfresser einen weniger umfangreichen Verdauungstrakt, die überschüssige Energie kann für das Gehirn verwendet werden.
Für Jagd gibt es noch keine Hinweise bei den Australopithecinen. Das nötige Fleisch beschafften sie sich wahrscheinlich von Kadavern.
Mit dem Fleischverzehr wird der Gebrauch von Werkzeugen immer vorteilhafter, denn Werkzeuge machen das Ausnehmen des Kadavers einfacher und schneller. So könnte eine Entwicklungsspirale in Gang gekommen sein, die sich immer höher schraubte.
Die Anfänge der Homo-Linie (Homo rudolfensis oder Homo habilis) finden sich vor 2,5 Millionen Jahren in Ostafrika. Die ersten Homo-Vertreter existierten zeitgleich mit den Australopithecinen, setzten aber mit ihrer größeren Flexibilität in der Anwendung von Werkzeugen und ganz allgemein in ihrem Verhalten auf eine neue Überlebensstrategie. Die Arbeit in der Gruppe wurde aufgeteilt um das Ergebnis zu optimieren.
Die einmal eingeschlagene Entwicklung beschleunigte sich immer mehr. Vor etwa 2 Millionen Jahren begann der regelrechte Siegeszug des Homo erectus über fast die ganze Erde.
Auch Homo erectus entstand wie alle seine Vorgänger in Afrika. Das durchschnittliche Gehirnvolumen betrug bei Homo erectus bereits 1000 ccm (moderner Mensch: 1400 ccm; Schimpanse: 400 ccm). Der Bau des Skelettes entsprach weitgehend schon dem unseren.
Homo erectus ging auf die Jagd und nutzte schon das Feuer. Er fertigte Faustkeile und er war der erste Mensch, der von Afrika

aus die Welt besiedelte. Man darf sich diese Auswanderung allerdings nicht wie eine Völkerwanderung vorstellen. Einzelne Gruppen verschoben über Generationen hinweg immer wieder ihren Lebensraum auf der Suche nach Nahrung und günstigen Lebensräumen. Homo erectus wurde zum Stammvater vieler weiterer Zweige der menschlichen Evolution in der ganzen Welt.

In Europa entwickelte sich aus Homo erectus über Homo heidelbergensis der Neandertaler. Der Fund von acht aus Fichtenholz geschnitzten Speeren (Schöningen, Niedersachsen) belegt eindrucksvoll, dass Homo heidelbergensis bereits vor 350.000 Jahren über eine hoch entwickelte Technologie verfügte und sich sehr wahrscheinlich als Großwildjäger betätigte.

Der Nachfolger des Homo heidelbergensis, der Neandertaler, war optimal an die eiszeitlichen Bedingungen unseres Kontinents angepasst und hatte sogar ein im Schnitt um 100 ccm größeres Gehirnvolumen als der heute lebende Mensch.

Aus der in Afrika verbleibenden Stammpopulation des Homo erectus entwickelte sich vor etwa 150.000 Jahren der moderne Mensch (Homo sapiens sapiens), der erneut seinen Heimatkontinent verließ und die ganze Welt besiedelte.

Dabei ist der heute vorherrschende Zustand, dass unsere Erde nur von einer Menschenart besiedelt wird, der absolute Ausnahmefall. Die meiste Zeit lebte der moderne Mensch mit einer oder gar mehreren anderen Menschenarten gleichzeitig auf unserer Erde. Die neue Entdeckung eines kleinwüchsigen Menschen in Indonesien (Brown u.a. 2004) mit eindeutigen Merkmalen eines Homo erectus, aber mit einem Alter von nur 12.000 Jahren, gibt ein eindrucksvolles Beispiel hierfür.

Der moderne Mensch besiedelte Europa von Afrika aus und verdrängte eventuell bei seinem Vordringen nach und nach die in Europa ansässigen Neandertaler.

Weltbilder der vorgeschichtlichen Menschen

Wie lange sich der Mensch schon mit dem Himmel über sich auseinandersetzt, können wir nur vermuten. Aber es ist anzunehmen, dass auch schon unsere afrikanischen Vorfahren vor 150.000 Jahren vor Blitz und Donner erschauderten oder am Himmel Ausschau nach Anzeichen für Wind und Wetter hielten. Auch der periodische Vorgang der Zu- und Abnahme des Mondes wird schon sehr früh zur Einteilung der Zeit genutzt worden sein.

Erste Hinweise für eine solche Zeiteinteilung finden sich mit dem Vordringen des modernen Menschen nach Europa vor etwa 40.000 Jahren. Strichförmige Ritzungen in Knochen können möglicherweise als einfache Abzählvorgänge gedeutet werden.

Mit dem Auftauchen des modernen Menschen in Europa verbindet die Archäologie auch die Entstehung erster Kunstwerke. Obwohl altsteinzeitliche moderne Menschen anatomisch identisch mit heute lebenden Menschen waren, haben sie sich sicherlich aus ganz anderen Gründen künstlerisch mit ihrer Umwelt auseinandergesetzt als wir, denn das Leben in einer altsteinzeitlichen mobilen Jäger- und Sammlergesellschaft ist kaum mit unserem heutigen Leben vergleichbar. Völker, die sich bis vor wenigen Jahrzehnten noch von der Jagd ernährten, können aber Hinweise auf das Denken altsteinzeitlicher Menschen geben. Bei diesen Völkern finden sich durchweg schamanische Praktiken mit einem starken Bezug zum Tierreich.

Bei der Interpretation dieser ersten künstlerischen Zeugnisse ist immer Vorsicht angebracht, und ich möchte an dieser Stelle ausdrücklich auf den spekulativen Charakter der folgenden Ausführungen hinweisen.

Der so genannte Adorant (der Betende) aus dem Geißenklösterle bei Blaubeuren ist mit einem Alter von ca. 40.000 Jahren die bisher älteste bekannte Darstellung eines Menschen. Das kleine Plättchen aus Elfenbein trägt auf seiner Vorderseite das Relief einer zumindest teilweise menschlichen Figur und ist auf seiner Rückseite mit mehreren Punktreihen verziert. Diese Punktreihen werden von manchen Wissenschaftlern mit astronomischen Beobachtungen in Verbindung gebracht.(13)

Auf den Längskanten des Plättchens sind jeweils 13 Kerben, an der oberen und unteren Kante sind ebenfalls zusammen 13 Kerben angebracht. Auch drei der vier Punktreihen auf der Rückseite setzen sich aus jeweils 13 Punkten zusammen. Die vierte Punktreihe ist etwas schlechter erhalten und besteht aus zumindest 10 erkennbaren Punkten.
Versuchten die altsteinzeitlichen Schöpfer dieses Kunstwerkes eine Verbindung zwischen den zwei auffälligsten Körpern am Himmel, der Sonne und dem Mond, herzustellen?
Sicher war für die Jäger und Sammler des eiszeitlichen Europa eine zeitliche Einordnung ihres Lebens in den Lauf des Jahres wichtig. Wie lange dauert die kalte Jahreszeit noch? Reichen die Vorräte bis zum Frühling? Solche Fragen spielten für unsere Vorfahren sicher eine große Rolle. Doch was hat es dabei mit der Zahl 13 auf sich?
Es gibt prinzipiell zwei Möglichkeiten einer Zeitbestimmung über den Mond.
Der Mond umrundet die Erde in 27,32 Tagen. Diese Zeitspanne wird als siderischer Monat bezeichnet und hat für sich betrachtet noch nichts mit den Mondphasen zu tun. 13 Mondmonate zu je 27 Tagen bilden das siderische Mondjahr mit 355 Tagen. In den 27 Nächten des siderischen Monats ist der Mond (ob Vollmond oder Halbmond ist dabei egal) jeweils vor dem Hintergrund einer anderen Sternenanordnung zu sehen, der Mond durchwandert die so genannten 27 „Häuser“ am Sternenhimmel. Ein Blick

an den Nachthimmel und man konnte sich zeitlich einordnen. Begann man die Beobachtung des Mondes im Frühling, so kehrte diese Jahreszeit nach 13 Mondmonaten wieder. Die kleine Ungenauigkeit im Vergleich zum Sonnenjahr (ca. 365,25 Tage) wird dabei für die Jäger und Sammler noch keine große Rolle gespielt haben.
Nicht zu verwechseln mit dem siderischen Monat ist der synodische Monat, der auf der Beobachtung der Mondphasen mit einer Periode von 29,53 Tagen basiert. Auch aus der Beobachtung der Mondphasen ergibt sich eine Abweichung von Mondjahr und Sonnenjahr. Zwölf synodische Monate ergeben eine Jahreslänge von etwa 354 Tagen, was wie bei den siderischen Monaten ebenfalls innerhalb von kurzer Zeit zur Notwendigkeit der Einfügung eines Schaltmonats führt. Doch dieses Problem wurde aber erst sehr viel später im Zweistromland durch intensive Himmelsbeobachtungen gelöst.
Da ein Jahr bei dieser Zeitmessung aus zwölf Monaten besteht, kommt diese Methode für den Adoranten aus dem Geißenklösterle nicht in Frage.

Mit dem Ende der Eiszeit vor etwa 12.000 Jahren änderten sich die klimatischen Bedingungen in Europa drastisch. Trotzdem wurde in Europa noch lange an einer nacheiszeitlichen Jäger-, Fischer- und Sammlerkultur festgehalten. Eine grundlegend neue Wirtschaftsform (Landwirtschaft) entstand im nahen und mittleren Osten und bahnte sich den Weg nach Europa. Dies brachte auch die Notwendigkeit einer genaueren astronomischen Zeitbestimmung mit sich.
Der Übergang von einer mobilen jägerischen zu einer sesshaften bäuerlichen Lebensweise wurde vor etwa 11.000 Jahren zuerst in der Region des „fruchtbaren Halbmondes“ vollzogen (Irak, Türkei, Syrien, Israel). Von dort aus breitete sich die so genannte

neolithische Wirtschaftsweise ins Innere Asiens und in das Niltal aus, später auch über den Balkan nach Mittel- und Westeuropa (um 5700 v. Chr.).
In den Tälern von Euphrat, Tigris und Nil wurde der Anbau von Getreide durch die Überschwemmungen der Flüsse bestimmt. Nach dem Ablauf des Hochwassers wurde das Getreide in den noch feuchten Schlamm gesät. Die ständige Wärme in den südlichen Ländern tat dann das ihre zum reifen der Ernte. Mit dem Vordringen der Landwirtschaft in den Norden wurde es aber immer notwendiger, ja geradezu lebensnotwendig, auf den Stand der Sonne zu achten, die den jahreszeitlichen Ablauf der Vegetation regulierte.
Vor diesem Hintergrund ist die Entstehung von so genannten Kreisgrabenanlagen in der ersten Hälfte des 5. Jahrtausends v. Chr. in Mitteleuropa zu sehen.(14) Annähernd gleichzeitig schossen diese Anlagen wie Pilze aus dem Boden. Bis heute sind etwa 150 dieser Anlagen bekannt.
Diese ersten europäischen Monumentalbauten sind fast 2500 Jahre älter als Stonehenge (England, Stonehenge II um 2100 v. Chr.), aber weit weniger bekannt.
In neuerer Zeit ist Stonehenge zu einem Kultort einer neoheidnischen „Religion" geworden. Am 21/22. Juni 2003 (Sommersonnenwende) trafen sich fast 30.000 Druiden und Hexen in Stonehenge zu einer gemeinsamen Feier.

Die geringe Bekanntheit der mitteleuropäischen Ringanlagen dürfte vor allem daran liegen, dass sich die Holzpalisaden nur schlecht erhalten haben und erst relativ spät von den Archäologen entdeckt und erforscht wurden.
Innerhalb der Palisaden ließen sich keinerlei Besiedlungsspuren nachweisen, es handelt sich also keineswegs um vorgeschichtliche Schutzburgen. Der Zweck der Kreisgrabenanlagen war ein an-

derer. Die Tore in den Palisaden dienten als Visiervorrichtungen für astronomische Beobachtungen. Aus diesem Grund werden diese Anlagen heute als erste Sonnenobservatorien bezeichnen. Sie belegen Himmelsbeobachtungen zeitlich früher als in Ägypten oder Babylonien. Für Beobachtungen dieser Art hätten aber weit weniger aufwändig gestaltete Anlagen aus einzelnen Pfählen genügt.

Oder die Neolithiker hätten sich einfach den Sonnenaufgang am Tag der Wintersonnenwende über einem markanten Punkt, etwa einem Berg, merken können. Aber sie erbauten sich zu diesem Zweck mit hohem Arbeitsaufwand riesige Anlagen.

Die Bezeichnung als Sonnenobservatorium sollte nicht im heutigen wissenschaftlichen Sinn verstanden werden, denn die Kreisgrabenanlagen spielten sicher eine wichtige Rolle in Kult und Religion der damaligen Menschen.(15)

Über die Vorstellungen, die unsere Vorfahren mit den Vorgängen am Himmel verbanden, können wir nur spekulieren. Vielleicht versinnbildlichte der Aufgang und der Untergang der Sonne für sie Geburt und Tod im Leben eines Menschen. Und speziell die Wintersonnenwende kündigte für sie inmitten einer weißen Landschaft bereits neues Leben und die Überwindung des Winters an.

Wahrscheinlich markierten die Äquinoktien (Tagundnachtgleichen) und Solstizien (Sonnenwendpunkte) bestimmte Festtage im Jahresablauf, in denen der Lauf der Sonne rituell begleitet wurde. Dies gab den Menschen Sicherheit und diente der Erhaltung und Mehrung des Lebens.

Für eine rituelle Interpretation der Sonnenwenden spricht auch die Ausrichtung eines zeitlich späteren Ganggrabes in Newgrange (Irland, etwa 3200 v. Chr.). Dort dringen die Sonnenstrahlen nur zur Wintersonnenwende durch einen 19m langen Gang bis in das Innere einer kleinen kreuzförmigen Kammer vor.

Die Kreisgrabenanlage von Goseck (Sachsen-Anhalt) gilt momentan als das älteste bekannte Sonnenobservatorium der Menschheit. Die Anlage entstand um 5000 v. Chr. und diente nach dem bisherigen Stand der Forschung der Beobachtung der Wintersonnenwende am 21. Dezember. Steht man am Tag der Wintersonnenwende im Zentrum der Anlage, so geht die Sonne am Morgen im südöstlichen Tor auf und am Abend im südwestlichen Tor unter.
Vorstellbar ist auch eine zusätzliche Beobachtung der Äquinoktien (Tagundnachtgleichen) um den 21. März (Frühlingsanfang) und den 23. September (Herbstanfang) durch heute nicht mehr nachweisbare Lücken in den Holzpalisaden. An diesen Tagen steht die Sonne im Äquator und geht um 6.00 Uhr auf und um 18.00 Uhr unter.
Eine Besonderheit unter den Kreisgrabenanlagen Mitteleuropas ist eine relativ kleine Anlage in Meisternthal (Bayern).
Bei dem ovalen Grundriss dieser Anlage handelt es sich um die erste exakt über Brennpunkte konstruierte Ellipse der Welt. Die große Halbachse der Ellipse von Meisternthal ist nach Norden ausgerichtet. Von den rekonstruierten Brennpunkten der Ellipse aus konnte man durch die Tore jeweils den Sonnenaufgang zur Sommer- und Wintersonnenwende beobachten (21. Juni und 21. Dezember).
Aber nicht in allen Anlagen wurde die Sonne beobachtet. So wurde zum Beispiel für eine Kreisgrabenanlage in Immendorf (Bayern) eine Ausrichtung eines Tores auf den Aufgang der Plejaden im Osten festgestellt. Die Plejaden hatten in vielen alten Kulturen eine große Bedeutung für die Landwirtschaft.
Das Gestirn der Plejaden wird heute auch mit der bekannten Himmelsscheibe von Nebra, die nur 25 Kilometer von Goseck entfernt von Raubgräbern gefunden wurde, in Verbindung gebracht.

Mit der Sesshaftigkeit bildete sich eine immer enger werdende Bindung der Menschen an das von ihnen kultivierte Land heraus. Um etwa 2500 v. Chr. ging das Neolithikum in Mitteleuropa in die Bronzezeit über. Schlagkräftige Waffen aus Metall wurden zur Verteidigung und zur Eroberung von Lebensraum eingesetzt. Mit der Verarbeitung von Metall ging sehr wahrscheinlich auch eine Umstrukturierung der Gesellschaft einher. Neue Handwerke entstanden, Krieger, Priester und lokale Herrscher prägten neben Bauern die Gesellschaft der Bronzezeit. Grablegungen mit prächtigen Waffen als Beigaben belegen dies.

Auch in der Bronzezeit beschäftigte sich der Mensch mit den Vorgängen am Himmel. Die Himmelsscheibe von Nebra gibt ein eindrucksvolles Zeugnis davon.

Raubgräber fanden die Himmelsscheibe im Sommer 1999 und hielten sie anfänglich für einen alten Eimerdeckel. Bei der unsachgemäßen Bergung wurde die Scheibe mit einem Zimmererhammer beschädigt, später reinigte ein Aufkäufer die Scheibe mit einer Zahnbürste und mit Stahlwolle und zerkratzte dabei die Oberfläche stark. Erst nach einer langen und abenteuerlichen Reise, die an einen schlechten Krimi erinnert, gelangte die Scheibe in den Besitz ihres rechtmäßigen Eigentümers, des Landes Sachsen-Anhalt.

Die Scheibe wurde um etwa 1600 v. Chr. hergestellt und danach innerhalb von 200 Jahren mehrmals umgestaltet. Im ursprünglichen Zustand (Phase 1) sind auf der Scheibe 25 einzelne Sterne und eine Sterngruppe aus sieben Sternen sowie der Vollmond (oder die Sonne) und der Sichelmond zu sehen.

Bei der Interpretation der Aussage der Scheibe gehen die Meinungen weit auseinander. Erst die Bewertung des Astronomen Rahlf Hansen vom Planetarium Hamburg fand allgemeine Anerkennung. Hansen sieht in der Anhäufung der sieben Sterne die Plejaden. Im Urzustand, so glaubt Hansen, könnte die Scheibe

dazu gedient haben, das größte Kalenderproblem der damaligen Zeit, die Unvereinbarkeit von Sonnen- und Mondjahr, zu lösen. Wie oben bereits geschildert, haben die Mondphasen einen Zyklus von 29,52 Tagen. Das Mondjahr ist deshalb um etwa 11 Tage kürzer als das Sonnenjahr, alle drei Jahre muss ein Schaltmonat eingeschoben werden. Und die Himmelsscheibe von Nebra gibt (nach Hansen) dazu eine Anleitung.
Zog der Mond in der Bronzezeit im Frühling an den Plejaden vorüber, so tat er dies in der Gestalt einer schmalen Sichel. Wichen Mond- und Sonnenkalender zu stark voneinander ab, so zog der junge Mond wie auf der Scheibe abgebildet wesentlich dicker an den Plejaden vorbei. Es war an der Zeit einen Schaltmonat einzufügen. Ob die bronzezeitlichen Mitteleuropäer diese Regel selbst gefunden haben, ist fraglich. Vielleicht bestanden damals schon Kontakte bis nach Mesopotamien, wo die Regel nachweislich zu dieser Zeit bereits bekannt war.
Später wurden der Scheibe noch weitere Details hinzugefügt, die mit der ursprünglichen Bestimmung der Scheibe nichts zu tun hatten. Die so genannten Horizontbögen am Rand der Scheibe (Phase 2, nur noch einer ist heute erhalten) bilden einen Winkel von 82,5°. Dies entspricht dem Winkel, den die Sonne zwischen Sommersonnenwende und Wintersonnenwende am Horizont in der Umgebung des Fundortes durchläuft.
Eine spätere Hinzufügung ist auch die Sonnenbarke (Phase 3). In vielen frühgeschichtlichen Mythen von Ägypten bis Skandinavien spielt das Schiff eine wichtige Rolle beim Transport der Sonne. Ein Schiff bringt die Sonne in der Nacht zu dem Ort, an dem sie am Morgen wieder aufgeht und überwindet damit den allabendlichen Tod der Sonne.
In der Bronzezeit gab es bereits ein weit verzweigtes Handelssystem für Kupfer und vor allem für Zink. Die Sonnenbarke könnte als ein Indiz für die oben bereits vermuteten Kontakte der bron-

zezeitlichen Mitteleuropäer bis nach Mesopotamien oder Ägypten gewertet werden.

Irgendwann verlor die Himmelsscheibe von Nebra jedoch ihre Bedeutung. Vielleicht geriet das Wissen um ihre Anwendung in Vergessenheit, vielleicht hatten sich die religiösen Vorstellungen der Menschen gewandelt. Zusammen mit zwei Schwertern, zwei Armreifen und zwei Beilklingen wurde sie fast wie ein geliebter (aber toter) Mensch bestattet.

Noch einmal weit zurück: Eiszeit

Alle Urmenschenfunde Europas stammen aus der Zeit bis vor zwei Millionen Jahren, die Funde gehören damit in das Eiszeitalter (Quartär).
Im Quartär breitete sich das Eis der Alpen viermal stark aus (Glaziale) und zog sich anschließend wieder zurück (Interglaziale).
Die Einteilung in diese vier Kalt- und Warmzeiten ist aber eine starke Vereinfachung, denn innerhalb dieser Zeiten kam es wiederum zu erheblichen Klimaschwankungen.
Die letzte Kaltzeit (Weichsel oder Würm) begann vor etwa 120.000 Jahren und endete vor 11.500 Jahren, die anschließende Warmzeit, in der wir heute leben, wird Holozän genannt.
Das Kältemaximum der bisher letzten Kaltphase wurde vor etwa 20.000 Jahren erreicht. In dieser Zeit war die Schwäbische Alb, wie sich aus der Fundlücke der archäologischen Überlieferung schließen lässt, nicht von Menschen besiedelt. In dieser Zeit waren die Bedingungen für Menschen in Mitteleuropa zu lebensfeindlich.
Aber auch vor dem Erreichen des Kältemaximums war Europa nur sehr dünn besiedelt. Vorsichtigen Schätzungen zufolge leb-

ten in ganz Mitteleuropa zur Zeit der Entstehung des Löwenmenschen nur 2.000 Menschen.
Während der Eiszeit lebten auf der Schwäbischen Alb viele heute ausgestorbene Tierarten16. Mammut, Höhlenbär, Höhlenlöwe, Nashorn und Riesenhirsch waren auf der Schwäbischen Alb zuhause. Diese Tiere waren die ständigen Begleiter der ersten modernen Menschen in auch in ganz Europa.
Das Klima der letzten Eiszeit war kontinental geprägt, da ein großer Eispanzer Nordeuropa bedeckte und sich damit auch der Meeresspiegel um ca. 100 m senkte. Der warme und feuchte Einfluss des Atlantiks, unter dem Europa heute steht, kam damals nicht zur Geltung.
Es herrschte ein trocken-kaltes Klima, vergleichbar in etwa mit dem Klima der baumlosen Arktistundra. Bäume und dichterer Pflanzenwuchs fanden sich nur in den windgeschützten Tälern der Schwäbischen Alb.
Die Ursachen für die Ausbildung von Kalt- und Warmzeiten liegen in einer periodischen Schwankung der Neigung der Erdachse einerseits und der Umlaufbahnexzentrizität der Erde andererseits.
Zu gewissen Zeiten verstärken bzw. schwächen sich diese Effekte gegenseitig und führen zu extremen Klimaschwankungen.

Karstbildung

Vor 190-135 Millionen Jahren lag die Schwäbische Alb unterhalb des Meersspiegels des großen Jurameeres, der heute sichtbare weiße Jurakalkstein besteht aus Kalkschlammablagerungen aus dieser Zeit.
Die in Europa einsetzende Hebung der Landmassen am Ende der Jurazeit durch plattentektonische Bewegungen bewirkte ein

zurückdrängen des Meeres, weitere Hebungen der Landmassen vor ca. 30 Millionen Jahren (Tertiär) im Zusammenhang mit der Alpenfaltung bewirkten ein Aufreißen von Klüften auf der Schwäbischen Alb.
Vor etwa 8 Millionen Jahren bahnte sich die Urdonau ihren Weg durch Süddeutschland. Nach einer erneuten leichten Hebung der Landmassen grub sich die Urdonau tief in das Land ein, wodurch sich der Grundwasserspiegel senkte.
Kohlensäurehaltige Niederschläge versickerten nun in den Spalten des Jurakalkfelsens, bildeten an der Oberfläche Dolinen und suchten sich unterirdisch ihren Weg in das Tal eines entwässernden Flusses. Diese Phase der Höhlenbildung wird Korrosionsphase genannt, da der anfänglich kleine Höhlengang vollständig mit Wasser gefüllt ist und die Abtragung des Kalksteins durch Korrosion erfolgt. Der Kalk wird dabei durch einen chemischen Prozess gelöst und abgeführt, zurück bleibt der unlösliche hellbraune Lehm, der noch heute in vielen Albhöhlen zu finden ist.
Im Lauf der Jahrtausende gruben sich die entwässernden Vorfluter immer tiefer in das Gelände ein, was eine erneute Senkung des Karstwasserspiegels zur Folge hatte. Der Wasserspiegel in den Höhlen senkte sich ebenfalls, nun wurde das Höhlengestein mechanisch abgetragen (Erosion).
In der letzten Phase der Höhlenbildung fließt nun überhaupt kein Wasser mehr durch den Höhlengang, da sich der Karstwasserspiegel so weit gesenkt hat, dass das Niederschlagswasser in noch tiefere Bereiche vordringt und von dort aus in das Tal entwässert.

Quellen

1. Bürger, Ludwig. Correspondenzblatt der deutschen Gesellschaft für Anthropologie, München. Akademische Buchhandlung Straub, Oktober 1892, Seite 108.

2. Virchow, Rudolf. Der Schädel aus der Bocksteinhöhle. Correspondenzblatt der deutschen Gesellschaft für Anthropologie, München: Akademische Buchhandlung Straub, November u. Dezember 1892, Seite 129.

3. Wehrberger, Kurt. „Der Streit ward definitiv beendet…“ Eine mesolithische Bestattung aus der Bocksteinhöhle im Lonetal, Alb-Donau-Kreis. Archäologisches Korrespondenzblatt. Jahrgang 30, 2000. Heft 1, 1. Quartal. Verlag des römisch-germanischen Zentralmuseums Mainz.

4. Nicholas Conard, Kurt Langguth, Hans-Peter Uerpmann. Archäologische Ausgrabungen in Baden-Württemberg. Darin: Einmalige Funde aus dem Aurignacien und erste Belege für ein Mittelpaläolithikum im Hohle Fels bei Schelklingen, Alb-Donau-Kreis. Theiss, Stuttgart 2003, Seite 27/28.

5. Paret, Oscar. Nachruf auf Robert Wetzel. Jahreshefte des Vereins für vaterländische Naturkunde in Württemberg. Herausgegeben von Horst Janus. 117. Jahrgang, Stuttgart 1962.

6. Hausmann, Frank-Rutger (Herausgeber). Die Rolle der Geisteswissenschaften im Dritten Reich 1933-1945. Oldenbourg 2002.

7. Wehrberger, Kurt. Der Löwenmensch. Tier und Mensch in der Kunst der Eiszeit. Herausgegeben vom Ulmer Museum. Thorbecke 1994.

8. Fundberichte aus Baden-Württemberg, Stuttgart 1989. Darin: Elisabeth Schmid. Die altsteinzeitliche Elfenbeinstatuette

aus der Höhle Stadel im Hohlenstein bei Asselfingen, Alb-Donau-Kreis, Seite 48.

9. Hahn, Joachim. Kraft und Aggression. Die Botschaft der Eiszeitkunst im Aurignacien Süddeutschlands?
Verlag Archaeologica Venatoria, Band 7. Tübingen 1986.

10. Floss, Harald. Gibt es einen Zusammenhang zwischen den Eigenschaften der Tiere und ihrer Darstellung in der Kunst des Aurignacien? – Erste Ergebnisse einer Umfrage.
In: Les chemins de l'Art aurignacien en Europe. Éditions Musée-forum Aurignac. Wissenschaftliche Leitung Harald Floss & Nathalie Rouquerol. Aurignac 2007.

11. Eliade, Mircea. Schamanismus und archaische Ekstasetechnik. Suhrkamp Verlag, Frankfurt am Main 1974.

12. Floss, Harald in: Vom Neandertaler zum modernen Menschen. Herausgegeben von Nicholas J. Conard, Stefanie Kölbl und Wolfgang Schürle. Jan Thorbecke Verlag, Ostfildern 2005.

13. Holdermann, Claus-Stephan. Gravierungen und gravierte Marken. Aurignacien. In: Eiszeitkunst im Süddeutsch-schweizerischen Jura. Seite 65/66. Theiss, Stuttgart 2001.

14. Archäologie in Deutschland. Kreisgrabenanlagen. Monumente zwischen Himmel und Erde. Heft 6, 2005.

15. Mahlstedt, Ina. Die religiöse Welt der Jungsteinzeit.
Theiss, Stuttgart 2004.

16. Koenigswald, Wighart von. Lebendige Eiszeit. Klima und Tierwelt im Wandel. Theiss, Stuttgart 2002.